はしがき

　農林水産省および金融庁が、平成23年5月13日に3者要請検査を実施するための基準・指針として、「農業協同組合法に定める要請検査の実施に係る基準・指針」を策定してから3年が経過しました。また、金融庁は平成24年8月28日、平成24検査事務年度検査基本方針の「Ⅵ．各種検査の基本的枠組み」のなかで、JAに対する検査の基本方針を打ち出しました。さらに、平成25年3月19日には農林水産省および金融庁が「農協検査（3者要請検査）結果事例集」を公表しましたが、指摘した28事例のうち、信用リスク管理態勢が12事例、資産査定管理態勢が9事例と信用リスク・資産査定管理で事例の75％を占めました。

　総合事業体であるJAの特徴として、JAの与信先のほとんどが個人経営（家族経営）の農業者であること、貸出金等の信用事業資産だけでなく購買未収金などの経済事業資産も自己査定の対象であることを踏まえ、本書では、「自己査定の基礎」をはじめ、以下の内容をまとめました。

・総与信調査表の作り方・見方
・JAで最も重要な農業融資の管理に必要な農業者の経営実態把握の仕方
・賃貸住宅ローンに係る賃貸不動産の管理手法や住宅ローンの金融円滑化に係る対応など、信用リスク管理および事務リスク管理を含めた、正確な自己査定のための日常業務のポイント

　本書を参考に皆さまにも自己査定実務に役立つ資料を作成していただけるよう、その様式例を掲載し、作り方・使い方をくわしく解説しています。

　また、JAの自己査定は「預貯金等受入系統金融機関に係る検査マニュアル（系統金融検査マニュアル）」等に基づいて行うこととなっていますが、これらは文字ばかりで理解が難しい、というのも事実です。図解により、自己査定の理解をより容易なものとすることと同時に、上記検査マニュアル等を読まれる際の一助となることも期待しています。

　さらに、巻末には演習問題を掲載しています。問題を解くことで理解度を深めることのほかに、自己査定ワークシートなどの作成を通じて自己査定実務を疑似体験し、自己査定の重要性を改めて理解していただくことができます。

　JAの信用事業に携わる方々だけでなく、経済（購買・販売）事業、営農指導事業、共済事業やその他の事業部門すべての方々に役立つ内容と確信しています。皆さまの自己査定実務の手引書として活用していただければ幸いです。

　なお、本書の執筆に際しては、高見守久氏に多大なご協力をいただきました。この場を借りてお礼申し上げます。

2014年9月

経済法令研究会

目次

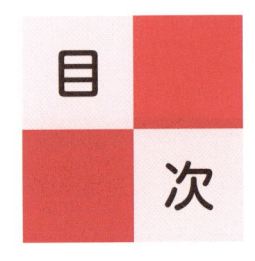

はしがき
自己査定で必要となる資料一覧　iv

第1編　自己査定の基本

第1章　JAにとっての自己査定　2
第1節　自己査定の重要性　2
第2節　自己査定の目的　4
第3節　三大検査マニュアル　5

第2章　3者要請検査と農協検査結果事例集　6
第1節　3者要請検査　6
第2節　農協検査結果事例集　7

第3章　自己査定の基本的な流れ　10
第1節　正確な自己査定は日常業務から　10
第2節　名寄せ　14
第3節　一般査定先と簡易査定先　16
第4節　抽出基準　18
第5節　債務者区分　20
第6節　形式基準による仮債務者区分　21
第7節　実質基準による債務者区分　23
第8節　債権の分類方法と分類基準　24
第9節　優良担保と一般担保　27
第10節　優良保証と一般保証　29
第11節　リスク管理債権と債権区分　30

第2編　自己査定の実務

第4章　総与信調査表の作り方と見方　32
第1節　自己査定提出資料　32
第2節　総与信調査表　前回自己査定情報や与信明細などの作り方と見方　34
第3節　総与信調査表「資産負債」欄の作り方と見方　36

第4節　総与信調査表「経営収支」欄の作り方と見方　46

■第5章　債務者概況表などの作り方と見方　54
第1節　債務者区分判断の査定記録の作り方　54
第2節　利用者概要表の作り方　56
第3節　不動産担保明細の整備　62
第4節　自己査定ワークシートの作り方と見方　64

■第6章　農業者の経営実態に係る把握の仕方　72
第1節　系統金融検査マニュアル別冊の積極的活用　72
第2節　農家組合員の営農類型の把握　78
第3節　営農指導事業や経済事業との部門連携　91

■第7章　賃貸住宅ローンのリスク管理　92
第1節　賃貸住宅ローンの特徴　92
第2節　賃貸住宅ローンそのもののリスク管理　94
第3節　自己査定に係る留意点　96
第4節　自己査定、債権管理および行政庁検査などに対応できる「賃貸不動産調査管理票」　101
第5節　賃貸住宅物件に係る担保評価　118

■第8章　住宅ローンのリスク管理　134
第1節　住宅ローンにおける金融円滑化対応と利用者保護　134
第2節　自己査定に係る留意点　142

■資　料　JA検査提出資料様式例　150

おわりに　156
参考文献　160

演習問題

演習問題　162
解　　答　191

本書の内容に関する訂正等の情報
　本書は内容につき精査のうえ発行しておりますが、発行後に訂正（誤記の修正）等の必要が生じた場合には、当社ホームページ（http://www.khk.co.jp/）に掲載いたします。
（ホームページトップ：メニュー内の追補・正誤表）

自己査定で必要となる資料一覧

★本書に掲載のない資料は、掲載ページを「―」としています。

		資　料	掲載ページ
日常業務で徴求・作成する資料	農家組合員債務者から徴求	農業所得用の確定申告書および青色申告決算書（または収支内訳書）	―
		不動産所得用の確定申告書および青色申告決算書（または収支内訳書）＊	―
		固定資産税 課税資産明細書	40
		他金融機関の返済予定明細または残高証明書＊	―
		個人経営（家族経営）の農業者の実態に沿った資金繰り実績表＊	139
		個人経営（家族経営）の農業者の実態に沿った経営改善計画書＊	141
	JA支店（支所）で作成	組合員等利用者 訪問・面談記録票	57
		利用者概要表（兼債務者概況表）	61
		所有不動産時価算定表	41
		貯金・共済積立金・販売未収金 残高管理表	42
		当JAにおける貯金・共済積立金・販売未収金の残高明細	―
		当JA借入金・購買未払金・借入金 残高管理表	43
		当JAにおける借入金・購買未払金の残高明細	―
		不動産担保明細（担保評価見直し後）＊	152
		収益用不動産明細表（賃貸住宅ローンなど収益用不動産貸出先対象）＊	127
		住宅ローン家計収支実態調査相談票＊	137
		貸出条件緩和債権判定ワークシート＊	―
		貸出条件変更明細時系列一覧表＊	―
		賃貸不動産調査管理票＊	102
自己査定仮基準日に作成・添付する資料	JA支店（支所）で作成	債務者区分判断の査定記録	55
		総与信調査表（ラインシート）	33
		自己査定ワークシート（要注意先以下）	65
		過去数年間の貸出明細ごとの返済履歴明細	77
		個人経営（家族経営）の農業者の実態に沿った資金繰り実績表＊（徴求日以降も月次での資金繰りがきちんと行われているか確認する）	139
		「実態修正後の正味純資産」算出シート＊	75
		「実態修正後の期間収支（債務償還財源）」算出シート＊	76
		実態修正に係る家族等の資産や収入の疎明資料（エビデンス）＊	―
		支援意思確認記録書＊	―
	JA支店（支所）で添付	（上記太字の資料）	
自己査定基準日に作成する資料 自己査定仮基準日以降、信用状況が悪化している場合には作成し、改めて債務者区分判断を行うこと		債務者区分判断の査定記録	55
		総与信調査表（ラインシート）	33
		自己査定ワークシート（要注意先以下）	65
		不動産担保明細＊（償却・引当額確定のため、直近のデータによるもの）	152
		過去数年間の貸出明細ごとの返済履歴明細	77
		個人経営（家族経営）の農業者の実態に沿った資金繰り実績表＊	139
		個人経営（家族経営）の農業者の実態に沿った経営改善計画書＊	141
		住宅ローン家計収支実態調査相談票＊	137
		貸出条件緩和債権判定ワークシート＊	―
		貸出条件変更明細時系列一覧表＊	―

→ 自己査定仮基準日にJA支店（支所）で添付

→ 行政庁検査時の資料　産調査管理票＊を検査官に持参する）（加えて、検査基準日現在の総与信調査表（ラインシート）および自己査定ワークシートを検査官に提出し、貸出稟議書、貸出調査資料、賃貸不動……

＊は、必要な先のみ徴求・作成・添付してください。

第1編
自己査定の基本

第1章　JAにとっての自己査定

(▶演習問題は162ページ)

第1節　自己査定の重要性

　自己査定とは、JAが保有する貸出金や購買未収金をはじめとする信用事業資産および経済事業資産などすべての資産について、JA自らの責任で行う査定のことをいいます。

　ではなぜ、JAにとっての自己査定の重要性が認識されるようになったのでしょうか。

　次の【JAの組合員数】をみてください。JAで貯金や住宅ローンなどの取引を行っている准組合員は、その多くが農家ではない利用者いわゆる一般消費者ですが、正組合員を約75万人上回り、総組合員数の過半数を超えていることがわかります。

　また、【平成26年3月末金融機関別預貯金残高状況】のとおり、全国JA貯金残高は91兆5,077億円と第二地銀を30兆円強上回っています。そして上に述べたように、その貯金の多くが一般消費者である准組合員から受け入れた貯金であるといえます。

　そこで、政府はJAの貯金者保護の観点から、JAに対しても銀行や信用金庫など他業態の金融機関と同様の検査が必要であると考え、方策を講じることになったのです。

【JAの組合員数（平成24事業年度末）】

	組合員数	割合
JAの組合員数	997万7,967人	―
うち正組合員数	461万4,306人	46.2%
うち准組合員数	536万3,661人	53.8%

（出典）農林水産省「平成24事業年度総合農協統計表」をもとに作成

【平成26年3月末金融機関別預貯金残高状況】

(単位：億円)

都市銀行	地方銀行	第二地銀	JA	信用金庫	労働金庫	ゆうちょ銀行
2,903,822	2,352,271	614,209	915,077	1,279,037	180,142	1,766,127

（出典）JAバンク「全国JA貯金・貸出金残高速報」、信金中央金庫 地域・中小企業研究所「全国信用金庫主要勘定」、全国労働金庫協会「全国労働金庫 預金・貸出金残高」、ゆうちょ銀行「個別財務諸表の概要」、それぞれ平成26年3月末のデータをもとに作成

第1章 JAにとっての自己査定

　金融検査はもともと、金融証券検査官による金融機関の貸出先に対する査定が中心でした。例えば、当時6人の検査官が派遣されると、そのうち4人は貸出金、有価証券、その他資産、償却・引当及び集計などと分担して資産査定管理にかかわっていたほどです。そのような構成は、平成19年2月に金融検査マニュアルが全面改訂されるまでは続けられました。

　いまでは、コンプライアンスやリスク管理など内部管理態勢の検証が主要項目となりましたが、資産査定は検査官にとっては必須分野であり、できなければ検査官としては失格といえます。

　事実、次の【平成25年度　農林水産省検査部、地方農政局および都道府県において検査業務に従事する職員の資産査定を中心とした研修実績】をみると、中堅職員に対しては資産査定実務のみで4日間の研修期間を設けて検査能力水準向上に向けて取り組んでいることがわかります。このような資産査定に関連する研修は毎年行われています。

　だからこそ、JAの皆さまにも行政庁による検査時に、JAの自己査定が適切かつ正確に行われていることを評価してもらえるように、自己査定実務を習得することが求められます。

【平成25年度　農林水産省検査部、地方農政局および都道府県において検査業務に従事する職員の資産査定を中心とした研修実績】

研修名（コース名）	(1)初任者研修（基礎共通コース）	(2)初任者研修（発展コース）	(3)資産査定研修
目的	検査業務未経験者に対し、検査の意義、根拠法令・マニュアル等検査に係る基礎的な知識を付与することを目的とする。	左記(1)研修、OJT等により基礎知識を習得した検査職員に対し、財務会計、税法、実践的資産査定等検査業務を行う上で必要不可欠な第2段階の知識を付与することを目的とする。	中堅の検査職員等既に資産査定の基礎知識をマスターし、資産査定に携わっている者に対し、より迅速に資産査定が行えるよう、演習を行い応用力の強化を図ることを目的とする。
対象者	原則として、はじめて検査業務に従事する職員	原則として、左記(1)の初任者研修を受講した職員	原則として、検査業務に従事し、資産査定の基礎知識をマスターしている職員
参加人数	221名 内訳 都道府県　177名 　　　検査部　　21名 　　　農政局等　23名	108名 内訳 都道府県　　75名 　　　検査部　　　9名 　　　農政局等　24名	100名 内訳 都道府県　　78名 　　　検査部　　　6名 　　　農政局等　16名
日数	5日間　※2回実施	5日間	4日間
研修科目	検査職員に求められるもの、検査の手順等（体験を踏まえた検証ポイントを学ぶ）、検査実務（農業協同組合編（信用事業、共済事業、経済事業、系統金融検査マニュアル入門）、漁業協同組合・森林組合編、農業共済組合編、土地改良編、卸売市場編）（業務の特徴、体験を踏まえた検証ポイントを学ぶ）、簿記の基礎（初級・演習）、財務諸表の基本的見方、会計伝票と帳簿の見方	会計学（財務会計と管理会計を中心として）（問題と解説を含む）、法人税の仕組みと法人税申告書の読み方、簿記演習（中級）、実践的資産査定（理論編・演習編・模擬演習編）	資産査定実務（信用・経済）（ラインシートの見方、債務者区分、分類区分のポイント、貸出の仕振り、財務分析等）、系統金融検査マニュアル別冊〔農林漁業者・中小企業融資編〕、償却・引当の算定（予想損失率（貸倒実績率）の算出方法とその検証）、自己資本比率の算定と不良債権の開示、事例発表Ⅰ・Ⅱ・Ⅲ・総括

第2節　自己査定の目的

1．自己査定とは

　系統金融機関自らが行う資産査定を自己査定といいます。資産査定とは、検査官が、系統金融機関の保有する資産を個別に検討して、回収の危険性または価値の毀損の危険性の度合いに従って区分することであり、預貯金者の預貯金などが資産の不良化によりどの程度の危険にさらされているかを判定するものです。

2．信用リスクを管理するための手段

　自己査定は、「信用リスクを管理するための手段」として、日々の事業活動のなかで活用することができます。これにより、自己査定を正確なものにすることができます。農家組合員が、ほぼ1年をかけて水稲を栽培するのと同じように、系統金融機関の職員が、組合員等債務者の状況などについて年間を通じて日々の事業活動のなかで特段の問題がないかどうかを判断するというものです。

3．「適切な償却・引当」と「正確な自己資本比率の算出」

　自己査定を正確に行うことによってはじめて「適切な償却・引当」を行うことができ、さらには「正確な自己資本比率の算出」を行うことができます。自己査定を正確に行うとともに、自然災害による栽培施設の倒壊などにより、貸出金や購買未収金の回収可能性が低下することを見越して「適切な償却・引当」を行い、将来の損失に備えることで「正確な自己資本比率の算出」ができることになります。

【自己査定の目的】

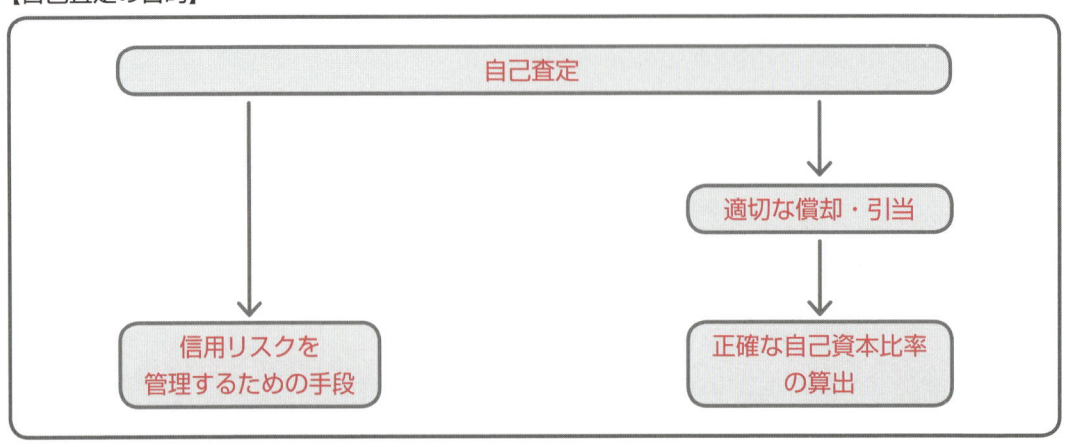

```
            自己査定
            │      │
            │      ▼
            │   適切な償却・引当
            ▼            │
     信用リスクを          ▼
   管理するための手段   正確な自己資本比率
                         の算出
```

第3節　三大検査マニュアル

　行政庁の検査にあたっては、信用事業や経済事業などを行うJAの自己査定について、次に掲げる3つの検査マニュアルに基づいて行うこととなっています。

　支店（支所）の自己査定担当者が最低限知っておくべきことは次のとおりです。

系統金融検査マニュアル

　正式名称は、「預貯金等受入系統金融機関に係る検査マニュアル」といいます。

　自己査定においては、「資産査定管理態勢の確認検査用チェックリスト」、「自己査定（別表1）」、「償却・引当（別表2）」、「信用リスク管理態勢の確認検査用チェックリスト」および「金融円滑化編チェックリスト」を一読してください。

系統金融検査マニュアル別冊

　正式名称は、「系統金融検査マニュアル別冊〔農林漁業者・中小企業融資編〕」といいます。

　JAの農業資金貸出先は個人経営の農業者が多いことから、財務情報などの定量面だけでなく、定性面から経営実態を把握するために、この別冊を活用することが最適です。

経済事業資産等検査基準

　正式名称は、「預貯金等受入系統金融機関及び共済事業を行う協同組合連合会における経済事業資産及び外部出資の自己査定及び償却・引当に関する検査基準」といいます。

　この検査基準は、総合事業体であるJAの自己査定の最大の特徴である購買未収金などの経済事業資産を査定する基準を定めたものです。

第2章　3者要請検査と農協検査結果事例集

(▶演習問題は162ページ)

第1節　3者要請検査

　農林水産省および金融庁では、莫大な貯金を受け入れているJAの貯金者保護と健全な運営を図るために、都道府県知事からの要請を受けて検査を行う3者要請検査の基準・指針を策定しました。3者要請検査の概要は下表のとおりです。

【3者要請検査の概要】

目的	貯金者保護および農業支援組織の適正なガバナンスの確保を図る。	
主な根拠	農業協同組合法第94条第3項、第98条第1項および「農業協同組合法に定める要請検査の実施に係る基準・指針」(平成23年5月)	
対象JA	①貯金量規模が1,000億円以上もしくは、都道府県域の平均以上のJAで、都道府県知事が地域の金融システムや地域経済に与える影響が大きいと考えるJA ②不正・不祥事の再発が認められるJA	
検査要請	都道府県知事からの要請を受けて、農林水産省および金融庁(実際は地方農政局および財務局)が、都道府県と連携することでより実効性のある検査を平成23年7月より実施している。	
各検査実施機関の検査ノウハウ	都道府県	JAの経営実態等を日常的に把握し監督も行っていることから、それらの情報を活かすことができる。
	農林水産省	農協系統の総合事業体としての特性を踏まえた検査を全国的視野で行っており、その経験を活かすことができる。
	金融庁	金融機関に対する検査を実施しており、いままで積み上げてきた実績や検査手法を活かすことができる。
検査実績	平成23年度実績　11JA 平成24年度実績　21JA	

(出典)規制改革会議「規制改革ホットラインで受け付けた提案等に対する所管官庁からの回答について」をもとに作成

第2節　農協検査結果事例集

1．3者要請検査における指摘事例

　農林水産省および金融庁は3者要請検査の実施を受けて、平成25年3月19日に、JAへの検査では初めて、「農協検査（3者要請検査）結果事例集」を公表しました。リスクカテゴリーごとの指摘事例数は、次の表のとおりです。信用リスク管理態勢と資産査定管理態勢とを合わせた比率は、**75％で全体の3/4**を占めます。

　信用リスク管理態勢および資産査定管理態勢の指摘事例は、特にJAの自己査定に密接に関連するものですから、問題のあった事例をコンパクトにまとめて説明します。ただし、賃貸住宅ローンと住宅ローンは、JAの貸出金のなかで多くの部分を占めるものですから、第7章、第8章でくわしく解説します。

【農協検査結果事例集の指摘事例数】

リスクカテゴリー	事例数	割　合
金融円滑化編	2事例	7.1％
法令等遵守態勢	5事例	17.9％
信用リスク管理態勢	12事例	42.9％
資産査定管理態勢	9事例	32.1％
合　計	28事例	100％

2．農業信用基金協会保証付ローン

　JAでは、農業信用基金協会（以下「基金協会」といいます）保証付住宅ローンは主要融資商品の一つです。「農協検査結果事例集」では基金協会の保証条件について、信用リスク管理態勢での指摘事例が多くありました。しかし、「**厳正な事務処理**」を行っていないなど事務リスク管理態勢にも問題があると考えられます。

　系統金融検査マニュアルでは、「**事務リスク**とは、役職員が正確な事務を怠る、あるいは事故・不正等を起こすことによりJAが損失を被るリスクをいいます」とされています。「厳正な事務処理」のポイントは次のとおりです。

> ・事務処理を、厳正に行っていますか。
> ・精査・検印は、形式的、表面的であってはならず、実質的で厳正に行っていますか。

> ・便宜扱い等の異例扱いや事務規程外の取扱いを行う場合には、必ず各業務部門の管理者や支店長等からの承認や指示に基づき行っていますか。

　また、JAでは住宅ローンの他にもカードローンやマイカーローンなど、基金協会以外の農協保証センターなどの保証付ローンを取り扱っており、これらについても同様のことがいえます。

【農業信用基金協会などの保証付融資のしくみ】

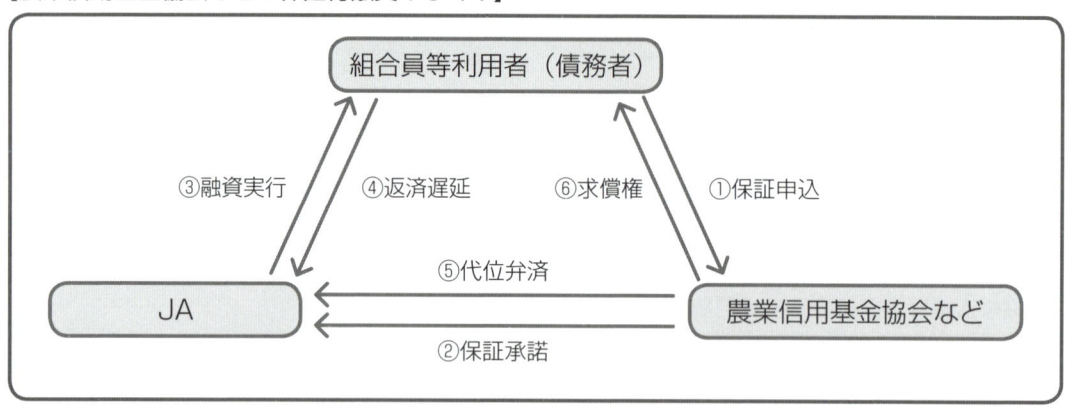

```
              組合員等利用者（債務者）
               ↗  ↑      ↑  ↘
           ③融資実行 ④返済遅延 ⑥求償権 ①保証申込
             ↓                        ↓
           JA  ←─── ⑤代位弁済 ─── 農業信用基金協会など
               ←─── ②保証承諾 ───
```

3．賃貸住宅ローン

(1) 賃貸住宅ローンはれっきとした"事業資金"

　「住宅ローン」と付いていますが、誤解してはいけません。皆さんのJAのローンパンフレットなどにも、次の表のとおり「農業以外の事業資金」として表示しているかどうか確認しましょう。

【例示：農業信用基金協会の債務保証対象資金案内】

農外事業資金 （賃貸住宅資金等）	賃貸住宅の建設・修繕、施設の建設や賃貸住宅経営の借り換えなど
農業以外の事業資金 （JA賃貸住宅ローン）	JA組合員が所有する資産の有効活用に資するため、JAがその組合員に貸し付ける賃貸住宅を建築する等のための資金

(2) 賃貸住宅ローンに係る指摘事例

　「農協検査結果事例集」では、次のような指摘事例がありました。

> ① 賃貸住宅ローンについて入居率や入金状況の確認を行っていません。
> ② 高齢者への貸出にもかかわらず、後継者の有無を把握していません。
> ③ 賃貸住宅経営におけるキャッシュ・フローの算定方法を指示していません。

④　上記③の理由から、キャッシュ・フローによる債務者の弁済能力の検証を行っておらず、表面的な延滞の有無に重点を置いて債務者区分の判定を行っています。
⑤　管理会社と一括借上契約を締結している賃貸物件に係る貸出について、中途解約等のリスクがあるにもかかわらず、返済に延滞がないことや家賃保証が付いていることからリスクが低いとして、賃貸物件の入居状況を把握していません。

4．経済事業資産

「農協検査結果事例集」では、次のような指摘事例がありました。

> 「その他資産」について、未収収益や前払費用等の資産査定を実施しておらず、未収収益のうち、賃貸物件の管理事業における委託管理料の一部や農作物の倉庫保管料の一部については、貸出金等の債務者との名寄せにより分類資産とすべきであるにもかかわらず、非分類としている実態が認められる。

この内容をわかりやすく解説します。
①　「『その他資産』について、未収収益や前払費用等の資産査定を実施しておらず」について
　JAの貸借対照表では、「未収収益」はその他の信用事業資産として、「前払費用」はその他の経済事業資産として、それぞれの勘定科目に計上されると考えられます。本来、自己査定を行うべき資産ですが、それらについて自己査定を実施していなかった、ということです。
②　「未収収益のうち、賃貸物件の管理事業における委託管理料の一部や農作物の倉庫保管料の一部」について
　JAが行うさまざまな経済事業のうち、主たる事業は購買事業と販売事業ですが、関連する事業として、倉庫・加工・宅地等供給などが実施されています。それらに加えて、高齢化する農家組合員のくらしを支援する高齢者福祉事業や相続・事業承継支援の観点から資産管理事業も経済事業に括られるものと考えられます。したがって、JAの自己査定においては「経済事業資産」として査定を行うべきです。
　また、日常業務において正確な会計処理をしなければ、誤った勘定科目で計上することとなり、JAの財務諸表への信頼性も損なうこととなります。
③　「貸出金等の債務者との名寄せにより分類資産とすべきであるにもかかわらず、非分類としている実態が認められる」について
　農家組合員は、通常、信用事業、共済事業や経済事業など複数の事業部門と取引をしています。日常業務から事業部門間の連携を深めて「名寄せ」をきちんと行いましょう。

第3章　自己査定の基本的な流れ

(▶演習問題は163ページ)

第1節　正確な自己査定は日常業務から

1．支店等における自己査定の手順

　支店等における自己査定の手順は次ページの図のとおりです。このなかで一番大切で最も重要なポイントは、第1ステップの「**債務者区分**」です。「系統金融検査マニュアル　資産査定管理態勢の確認検査用チェックリスト　自己査定（別表1）」の「自己査定結果の正確性の検証」では、以下のように極めて慎重かつ丁寧に債務者区分を判断するよう求められています。

　さらに、個人経営の農家組合員は決算書類が十分揃っていないことから、下線部分のように経営実態を十分把握していないと正確な債務者区分はできません。

> ＜債務者区分判断の手順＞
> 　債務者区分は、債務者の実態的な財務内容、資金繰り、収益力等により、その返済能力を検討し、債務者に対する貸出条件及びその履行状況を確認の上、業種等の特性を踏まえ、事業の継続性と収益性の見通し、キャッシュ・フローによる債務償還能力、経営改善計画等の妥当性、金融機関等の支援状況等を総合的に勘案し判断するものである。
> 　<u>特に、農林漁業者、中小・零細企業等については、当該債務者の財務状況のみならず、当該債務者の技術力、販売力や成長性、代表者等の役員に対する報酬の支払状況、代表者等の収入状況や資産内容、保証状況と保証能力等を総合的に勘案し、当該債務者の経営実態を踏まえて判断するものとする。</u>

　このように、債務者の経営実態を踏まえて、債務者を「正常先」「要注意先」「破綻懸念先」「実質破綻先」「破綻先」に区分しますが、この債務者区分が不正確なものとなると、分類額や償却・引当額も不正確なものとなってしまいます。つまり、債務者区分は、正確な自己査定を行ううえで、最も重要かつ基本的な手順といえます。

　そこで、債務者区分を適切に判断するためには、本節「2．前年度および当年度を通じての自己査定の基本的な流れ」のとおり、年間を通じた日々の事業活動のなかで、上記「債務者区分判断の手順」に従って債務者の経営実態の把握に努めることが有効と考えられます。これにより、自己査定を日々の「信用リスク管理の手段」として活用することにもなるのです。

【支店等における自己査定の手順】

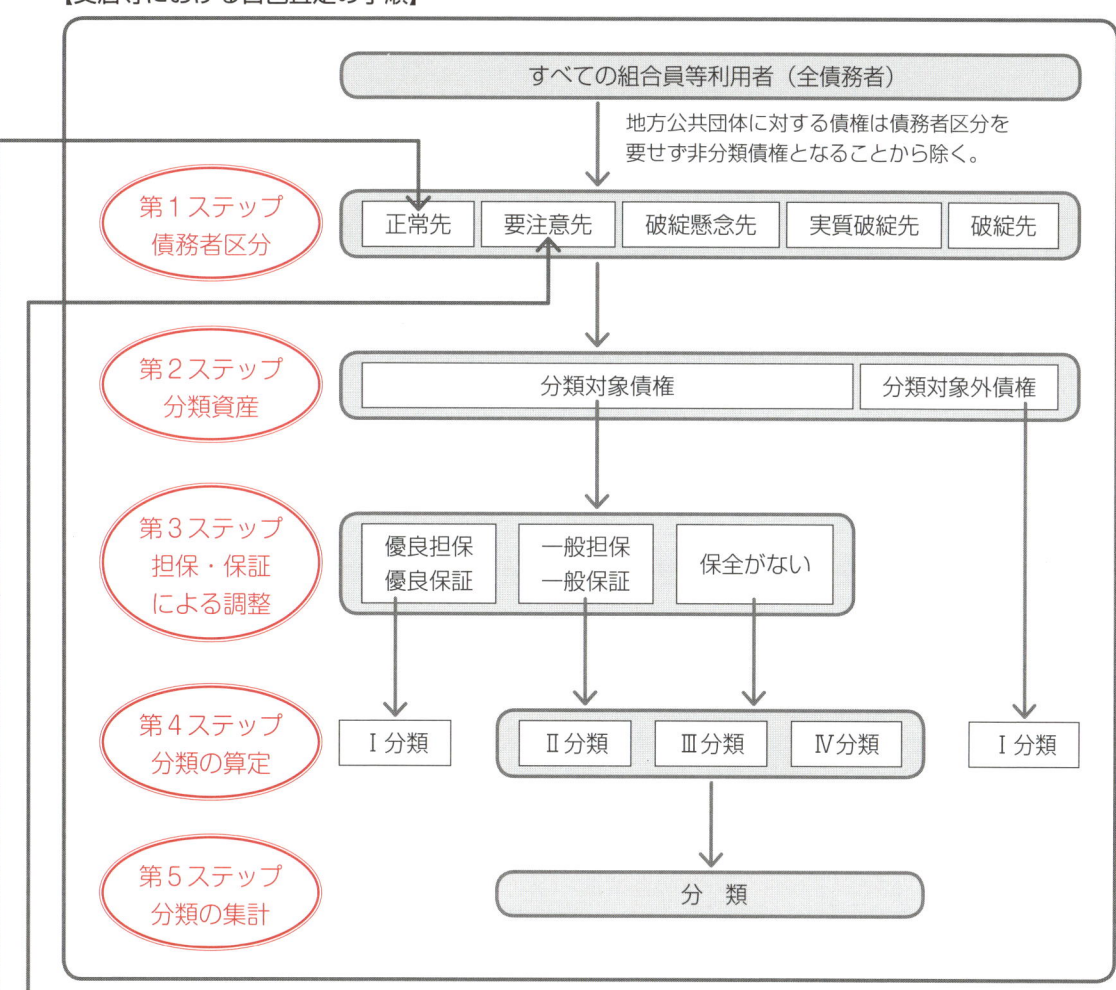

```
                    すべての組合員等利用者（全債務者）
                              │
                              │  地方公共団体に対する債権は債務者区分を
                              │  要せず非分類債権となることから除く。
                              ▼
  ┌─────────┐   ┌────┬─────┬──────┬──────┬─────┐
  │ 第1ステップ │   │正常先│要注意先│破綻懸念先│実質破綻先│破綻先│
  │ 債務者区分  │   └────┴─────┴──────┴──────┴─────┘
  └─────────┘              │
                              ▼
  ┌─────────┐   ┌──────────────┬──────────┐
  │ 第2ステップ │   │  分類対象債権     │ 分類対象外債権 │
  │  分類資産   │   └──────────────┴──────────┘
  └─────────┘              │
                              ▼
  ┌─────────┐   ┌─────┬─────┬──────┐
  │ 第3ステップ │   │優良担保│一般担保│保全がない│
  │ 担保・保証  │   │優良保証│一般保証│          │
  │ による調整  │   └─────┴─────┴──────┘
  └─────────┘     │       │       │
                    ▼       ▼       ▼
  ┌─────────┐  ┌──┐ ┌──┬──┬──┐  ┌──┐
  │ 第4ステップ │  │Ⅰ分類│ │Ⅱ分類│Ⅲ分類│Ⅳ分類│ │Ⅰ分類│
  │  分類の算定 │  └──┘ └──┴──┴──┘  └──┘
  └─────────┘              │
                              ▼
  ┌─────────┐          ┌─────┐
  │ 第5ステップ │          │ 分　類 │
  │  分類の集計 │          └─────┘
  └─────────┘
```

第3章　自己査定の基本的な流れ

債務者区分が「正常先」となった場合は、第2ステップ以降は手順を終了し、債権全額がⅠ分類（非分類）となります。

要注意先のなかには、3ヵ月以上延滞債権または貸出条件緩和債権を有する「要管理先」と、それ以外の「その他要注意先」があります。

２．前年度および当年度を通じての自己査定の基本的な流れ

　前記のとおり、債務者区分を正確に判定するためには、年間を通じた日々の事業活動のなかで、「債務者区分判断の手順」に従って、債務者の経営実態の把握に努めることが有効です。

　そこで、「債務者区分判断の手順」に従って債務者の経営実態を把握するための対応として、「随時自己査定」という手法に取り組むことをお勧めします。その手法は次のとおりです。

　個人経営の農家組合員は必ずといってもよいほど確定申告をします。農地などの不動産も所有しています。それらの決算書類や固定資産税課税資産明細書がすべて揃った時期を見計らって、農家組合員本人やその家族らと面談などするなりして、定量情報の不足分を定性情報で補います（次ページの例示における(A)。以下同様です）。それらに加えて、自JAとの信用事業に係る貯金・積立金や貸出金取引の他にも、共済事業・経済事業などの手数料収入等も含めた総合的な判断に基づき、自己査定仮基準日を設けて「プレ自己査定」を行い、「プレ債務者区分」を内定しておきます(B)。以後、農家組合員への訪問や面談を定期的に行い、仮基準日以降に延滞など履行状況が悪化したなどの事情があったときには「プレ債務者区分」の見直しを行うとしておくことで、仮基準日以降の自己査定に係る作業はかなり短時日でできると思われます。

　本書では
- ・名寄せの意味と名寄せのやり方(C)
- ・徴求した決算書類や課税資産明細書からの「資産負債調」作成手順(D)
- ・訪問記録のデータベース化による「債務者概況表」への反映(E)
- ・賃貸住宅（アパートなど）の担保評価方法(F)
- ・一次査定、二次査定や監査室による自己査定監査方法(G)

などをそれぞれ解説します。

【例示：個人経営の農家組合員を対象とした自己査定関連手続（決算期末日が3月末日の場合）】

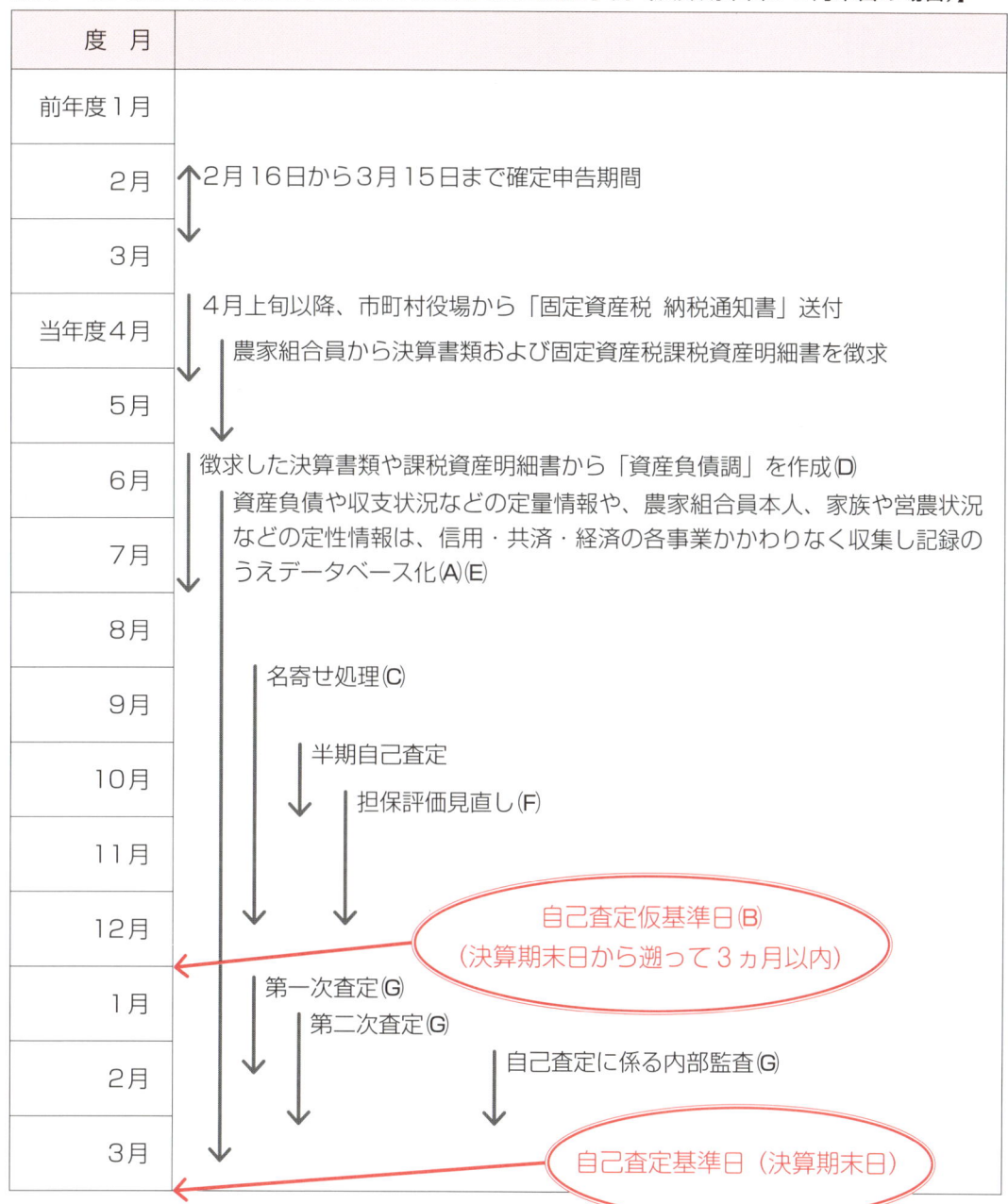

年度 月	
前年度 1月	
2月	2月16日から3月15日まで確定申告期間
3月	
当年度 4月	4月上旬以降、市町村役場から「固定資産税 納税通知書」送付 農家組合員から決算書類および固定資産税課税資産明細書を徴求
5月	
6月	徴求した決算書類や課税資産明細書から「資産負債調」を作成(D) 資産負債や収支状況などの定量情報や、農家組合員本人、家族や営農状況などの定性情報は、信用・共済・経済の各事業かかわりなく収集し記録のうえデータベース化(A)(E)
7月	
8月	
9月	名寄せ処理(C)
10月	半期自己査定 担保評価見直し(F)
11月	
12月	自己査定仮基準日(B) （決算期末日から遡って3ヵ月以内）
1月	第一次査定(G) 第二次査定(G)
2月	自己査定に係る内部監査(G)
3月	自己査定基準日（決算期末日）

第3章 自己査定の基本的な流れ

13

第2節　名寄せ

1．同一人名寄せ

　名寄せとは、JAが信用事業・経済事業や共済事業などで別々に設定・使用している「利用者との取引番号や取引コード」（以下「利用者番号」といいます）をそのJAで唯一の『利用者番号』に統一することで、これを「**同一人名寄せ**」といいます。

　例えば、農業太郎という正組合員に自JAの信用事業・経済事業や共済事業などで別々に設定・使用している「利用者番号」を『同一人名寄せ』で統一した「**利用者番号**」にします。

　名寄せは自己査定を正確に行うだけでなく、JAの各事業に大きな利点（メリット）をもたらします。

　いままでは、それぞれの部門でしか取得・保有し得なかった利用者情報を一元管理することで、事業部門間で利用者情報を共有することができます。

　共有された利用者情報は、事業部門をわたって総合的に分析できます。これらの情報を活かして、従来より良いサービスを組合員等利用者に提供できるようにしなければなりません。

【例示：同一人名寄せ】

事業	利用者番号	利用者名
信用	1234567	農業太郎（家計用）
信用	2345678	○○農園　農業太郎（経営用）
経済	3456789	農業太郎
共済	4567890	農業太郎

（統一）
利用者番号

7654321

2．実質同一債務者による名寄せ

　自己査定実務では、「**実質同一債務者による名寄せ**」も大変重要な作業です。なぜなら、農家組合員は家族経営が多いからです。

　次の例示で解説すると、農業太郎さんが個人事業主として給与を支払う立場で、他の家族は事業専従者として給与を支払われる立場ですが、元々は同じ農業収入です。

　したがって、経営者夫婦や長男夫婦の全員がJAからの貸出金や購買未収金などの債務を負っている場合には、家族全員が同じ農業収入から返済していることとなります。そのために、「実質同一債務者による名寄せ」を行うと、農業経営の実態により、家族全員の債務者区分がすべて正常先であったり、要注意先となったりと、同一の債務者区分となります。

　当初の名寄せ作業は、自己査定とは別に作業期間を設けましょう。信用・経済・共済などの各事業部門にわたるものと考えられるので、本店の特定部署が強力な指導力を発揮しながら実施しないと良い結果が生まれません。絶対に自己査定仮基準日以降に行ってはなりません。混乱し多くの間違いを引き起こします。

【例示：実質同一債務者による名寄せ】
（名寄せ前）

事　業	利用者番号	利用者名	関　係	主従関係
信・経・共	1112345	農業太郎	個人事業主、世帯主	主たる債務者と従たる債務者の関係が不明。
信・共	1113457	農業花子	事業専従者、太郎の妻	
信・共	1114563	農業次郎	事業専従者、太郎の長男	
信	1115695	農業園子	事業専従者、次郎の妻	

⇩

（名寄せ後）

事　業	利用者番号	利用者名	関　係	主従関係
信・経・共	1112345	農業太郎	個人事業主、世帯主	主債務者
信・共	1113457	農業花子	事業専従者、太郎の妻	従債務者
信・共	1114563	農業次郎	事業専従者、太郎の長男	従債務者
信	1115695	農業園子	事業専従者、次郎の妻	従債務者

第3節　一般査定先と簡易査定先

(1) 一般査定先と簡易査定先の区分けの根拠

　系統金融検査マニュアル、系統金融検査マニュアル別冊および経済事業資産等検査基準では、国、地方公共団体および被管理金融機関に対する債権をあらかじめ債務者区分を要しない非分類債権とし、それ以外の全債務者を自己査定の対象としています。

　一方、「系統金融検査マニュアル　資産査定管理態勢の確認検査用チェックリスト　自己査定(別表1)1．債権の分類方法 (7)債権の分類基準」に次のような記述があり、これを根拠として、「一般査定先」と「簡易査定先」との区分けを行います。

> 　住宅ローンなどの個人向けの定型ローン等及び農林漁業者若しくは中小事業者向けの小口定型ローン等の貸出金については、延滞状況等の簡易な基準により分類を行うことができるものとする。

　すべての債務者について、査定区分したうえ、債務者区分が確定するまでの流れは次ページの図のとおりです。

(2) 一般査定先と簡易査定先との区分け方

　一般査定先と簡易査定先とを区分けすることを、「**査定区分**」といいます。信用事業債権（主に貸出金）と経済事業債権（主に購買未収金）の合計金額を「**総与信**」残高として査定区分します。

　査定区分する場合にはすべての「**債務者**」を査定対象債務者として、原則として残高基準により一般査定先か簡易査定先かに区分けします。その残高基準は、一般査定先が総与信残高全体の70～90％（簡易査定先が30～10％）となる残高が一つの目安となります。

　査定区分は信用リスク管理の観点から、「名寄せ後」の組合員等利用者の債務者グループで行います。

【債務者区分が確定するまでの流れ】

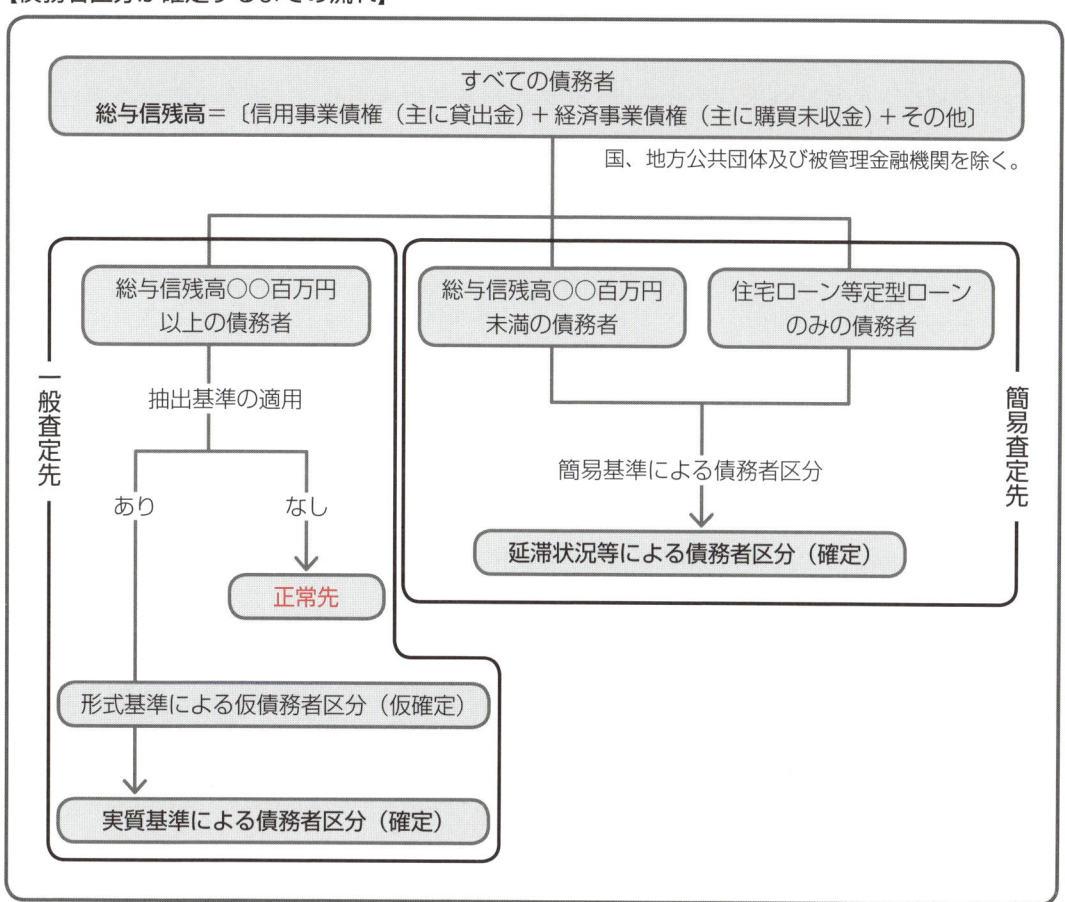

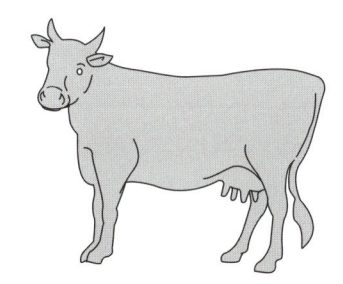

```
                        すべての債務者
   総与信残高＝〔信用事業債権（主に貸出金）＋経済事業債権（主に購買未収金）＋その他〕
                                    │       国、地方公共団体及び被管理金融機関を除く。
        ┌───────────────┬──────────────────┬──────────────────┐
        │               │                  │                  │
  ┌──────────────┐  ┌──────────────┐  ┌──────────────┐
  │総与信残高○○百万円│  │総与信残高○○百万円│  │住宅ローン等定型ローン│
  │  以上の債務者    │  │  未満の債務者    │  │   のみの債務者    │
  └──────────────┘  └──────────────┘  └──────────────┘
        │                        │                  │
   抽出基準の適用              簡易基準による債務者区分
    ┌────┴────┐                   │
   あり       なし                  ▼
              ▼         ┌────────────────────────┐
         ┌────────┐     │ 延滞状況等による債務者区分（確定） │
         │ 正常先 │     └────────────────────────┘
         └────────┘
        │
  ┌────────────────────────┐
  │ 形式基準による仮債務者区分（仮確定） │
  └────────────────────────┘
        │
  ┌────────────────────────┐
  │ 実質基準による債務者区分（確定）   │
  └────────────────────────┘

  一般査定先                                      簡易査定先
```

第3章 自己査定の基本的な流れ

第4節　抽出基準

　JAでは、原則として、貸出金をはじめとする信用事業債権の他に、購買未収金などの経済事業債権を含め、総与信としてすべての組合員等債務者を対象に自己査定をしなければなりません。広域JAになると、査定対象債務者数は、万単位になるのではないかと想定されます。

　したがって、例えば購買未収金を毎月支払期日に払わない延滞常習者は『問題のある債務者』として査定しなければならない、というような自己査定を行う先を抽出する規定を設けます。金融機関によって「抽出基準」とか「査定情報」とか、呼称は違っているようです。

> 　例示の抽出基準は、農業協同組合検査実施要領例の検査提出資料様式例をもとに作成したものです。行政庁検査時には「書抜範囲」といわれます。
> 　この抽出基準は各JA本店サイドで決定するものですが、行政庁の「書抜範囲（抽出基準）」は大きなものだけで43項目あります。したがって、各JAにおいては、最低43項目以上の抽出基準でないと、行政庁検査では対応できないという事態もあり得ることが予想されます。

> 　符号というのは、総与信調査表（ラインシート）に記入するかあるいは表示される「抽出された事由」を示す略語です。
> 　特に注意すべきことは、行政庁検査や中央会監査において「要注意先以下」に区分された先がシステム上記録されており、総与信調査表に正確に反映されるようになっているかどうかです。行政庁は前回検査時の資産査定結果を保管しており、仮に前回検査時において要注意先以下となった先が抽出されていないと大きな問題になることは必至です。

> 　賃貸住宅ローン先は、必ずといってよいほど、「大口貸出金」となる可能性が高いです。

> 　赤字決算先と債務超過先は、自己査定や行政庁査定では必ずといってよいほど抽出基準に出てきます。
> 　個人経営（家族経営）が多い農家組合員は貸借対照表を作成していないことや農家経済余剰という概念もあることから、第4章で「実質赤字決算先」あるいは「実質債務超過先」に該当するかどうかの見方を解説します。

【例示：抽出基準】

番号	抽出基準	符号
1	自己査定における債務者区分 　イ　正常先　　　　　　債権　　百万円以上の先 　ロ　うち不動産・建設業　各上位　　先、計　　先 　ハ　要注意先 　ニ　破綻懸念先　　　　全債務者 　ホ　実質破綻先 　ヘ　破綻先	正 正（不・建） 要 懸 実 破
2	前回検査において要注意先以下に区分された取引先のうち、 　　債権　　百万円以上の先	前
3	中央会の監査において要注意先以下に区分された取引先のうち、 　　債権　　百万円以上の先	中
4	リスク管理債権　農協法施行規則第204条第1項第1号 　イ　破綻先債権 　ロ　延滞債権 　ハ　3ヵ月以上延滞債権 　ニ　貸出条件緩和債権	D－破 D－延 D－3 D－条
5	要管理債権（金融再生法）	管
6	大口貸出金　　債権残高　　百万円以上の先	大
7	赤字決算先　　債権残高　　百万円以上の先	赤
8	債務超過先　　債権残高　　百万円以上の先	債超
9	調査表作成先で代表者等実質同一債務者に対する債権	実同
10	融資条件を変更した先	条
11	延滞債務者　　債権で支払期日経過後　　日以上の先	延
12	自組合の役員、役員の3親等以内の親族関係貸出	役

第3章　自己査定の基本的な流れ

第5節　債務者区分

債務者区分とは、債務者の財務状況、資金繰り、収益力等により、返済能力を判定して、その状況等により債務者を正常先、要注意先、破綻懸念先、実質破綻先および破綻先に区分することをいいます。要注意先については、さらに要管理先とその他要注意先に区分されます。各区分の定義は、次に示すとおりです。

債務者区分		定　義
正常先		業況が良好であり、かつ財務内容にも特段の問題がないと認められる債務者
要注意先		次に掲げるような、今後の管理に注意を要する債務者 ・金利減免・棚上げを行っているなど貸出条件に問題のある債務者 ・元本返済もしくは利息支払が事実上延滞しているなど履行状況に問題がある債務者 ・業況が低調ないしは不安定な債務者または財務内容に問題がある債務者
	要管理先	・要管理先とは、債権の全部または一部が要管理債権である債務者 ・要管理債権とは、要注意先に対する債権のうち3ヵ月以上延滞債権および貸出条件緩和債権をいう。 ・3ヵ月以上延滞債権とは、元金または利息の支払いが、約定支払日の翌日を起算日として3ヵ月以上延滞している貸出債権をいい、また、貸出条件緩和債権とは、経済的困難に陥った債務者の再建または支援を図り、当該債権の回収を促進すること等を目的に、債務者に有利な一定の譲歩を与える約定条件の改定等を行った貸出債権（金融機能再生緊急措置法施行規則第4条）をいう。
破綻懸念先		現状、経営破綻の状況にはないが、経営難の状態にあり、経営改善計画の進捗状況が芳しくなく、今後、経営破綻に陥る可能性が大きいと認められる債務者（JA等が支援継続中の債務者を含む）
実質破綻先		法的・形式的な経営破綻の事実は発生していないものの、深刻な経営難の状態にあり、再建の見通しがない状況にあると認められるなど実質的に経営破綻に陥っている債務者
破綻先		法的・形式的な経営破綻の事実が発生している債務者。例えば、破産、清算、会社整理、会社更生、民事再生、手形交換所の取引停止処分等の事由により経営破綻に陥っている債務者

第6節　形式基準による仮債務者区分

　形式基準による仮債務者区分とは、農家組合員債務者から提出された決算書類、貸出金や購買未収金の支払状況などの、形式基準に基づいて仮の債務者区分を判定することです。その仮債務者区分を土台あるいはスタート地点にして、当該債務者の経営実態を十分把握したうえで、実質基準に基づき、債務者区分を最終的に判断することとなります。

【例示：形式基準による仮債務者区分】

財務の状況等 ＼ 取引の状況等	法的整理・取引停止処分等	6カ月以上の延滞	3カ月以上6カ月未満の延滞	減免・棚上げ・条件変更等	1カ月以上3カ月未満の延滞	延滞なし
債務超過連続2期以上	破綻先	実質破綻先	破綻懸念先	破綻懸念先	破綻懸念先	破綻懸念先
債務超過1期のみ	破綻先	実質破綻先	破綻懸念先	破綻懸念先	要注意先	要注意先
赤字・繰越欠損	破綻先	実質破綻先	要注意先	要注意先	要注意先	要注意先
債務超過や赤字、繰越欠損がすべてなし	破綻先	実質破綻先	要注意先	要注意先	要注意先	正常先
簡易査定先（定型ローンと農業融資小口制度資金）	破綻先	実質破綻先	要注意先	要注意先	要注意先	正常先
決算データ登録なし	破綻先	実質破綻先	破綻懸念先	破綻懸念先	要注意先	要注意先

　住宅ローンなどの定型ローンや農業融資の小口制度資金の簡易査定先は、延滞などの形式基準により、債務者区分が確定できます。

　決算データ登録なしの先は、決算データ登録のある先と同じ延滞状況でも定量情報が把握できないということで、厳しめの仮債務者区分となります。

| 設例：名寄せ、査定区分、抽出基準および形式基準による仮債務者区分 |

　農家組合員の農業太郎さんは家族経営の野菜栽培農家ですが、ハウス栽培に使用する燃料費高騰と豪雨などで極度の経営不振に陥り、多額の赤字決算でした。基準日時点では名寄せをしていなかったことと、農業太郎さん宅の仮債務者区分と与信状況は次のとおりです。農業太郎さん以外では、農業太郎さんの妻花子さんがフリーローン500千円、長男次郎さんが住宅ローン12,000千円、長男次郎さんの妻園子さんがマイカーローン1,500千円をそれぞれ基金協会保証付ローンで利用し、履行状況に問題はありませんでした。なお、一般査定先の残高基準は、名寄せ後10,000千円以上です。

(単位：千円)

債務者名	関　係	仮債務者区分	購買未収金	貸出金	総与信残高
農業太郎	個人事業主	要注意先	1,000	9,000	10,000
妻　花子	事業専従者	正常先		500	500
長男次郎	事業専従者	正常先		12,000	12,000
妻　園子	事業専従者	正常先		1,500	1,500
		（合　計）	1,000	23,000	24,000

名寄せ前：基準日時点までに名寄せが行われていなかったことから、抽出は一般査定先の残高基準に該当する農業太郎さんのみです。他の家族は「名寄せ漏れ」となります。

名寄せ後：（査定区分）農業太郎さんを主債務者、他の家族を従債務者として、一般査定先となります。

（抽出基準）赤字決算先で抽出します。

（仮債務者区分）赤字と延滞なしで要注意先とします。

第7節　実質基準による債務者区分

1．農家組合員債務者の特性を踏まえた債務者区分

　実質基準による債務者区分を判断するにあたって、農家組合員債務者は個人経営（家族経営）が多いこと、経営実態を把握するにしても決算書類は限られたものしかなく、計数面における定量情報が不十分であること、それを補うために定性情報をいかにして債務者区分判断に適切に反映できるかがポイントとなること、を念頭においてください。

　さらに、次のような農業者の特性を踏まえて債務者区分を判断することが必要です。

> ・農業所得だけでなく、農家組合員債務者の資産や農外所得等も十分に調査し、経営実態の的確な把握に努めることが必要である。
> ・総じて気象条件の変動や自然災害の影響を受けやすいなど、一時的に収益悪化により赤字に陥りやすい。
> ・資金的な蓄えが乏しいと、一時的な要因により債務超過に陥りやすい。
> ・経費節減を行うにしても余地等が小さく黒字化や債務超過解消まで時間がかかる。

　上記の特性から、赤字や債務超過が生じていること、貸出条件の変更が行われていることといった表面的な現象のみをもって、債務者区分を判断することは適当ではありません。JAにおける従前からの信用事業・経済事業・共済事業などの取引実績や、キャッシュ・フローによる債務償還能力を重視し、貸出条件の変更の理由や資金の使い途など、あらゆる判断材料の把握に努め、農家組合員債務者の経営実態を総合的に勘案して債務者区分の判断を行う必要があります。

2．農家組合員等債務者との密度の高いコミュニケーション

　JAが経営実態を十分に把握するためには、継続的な現地訪問等を通じて農家組合員債務者の農業生産力や経営者の資質といった定性的な情報を集めなければなりません。また、常日頃から、きめ細かな営農指導を通じて積極的に農業経営の改善に取り組んでいることが必要です。

　このような「農家組合員債務者への働きかけ」の度合いにより、「**農家組合員債務者との密度の高いコミュニケーション**」を築き上げることができます。それにより農家組合員債務者の経営実態をより的確に把握することができるようになれば、適切な債務者区分の判断につながります。

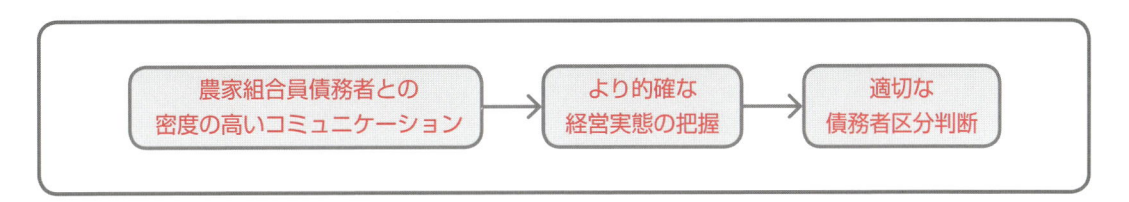

農家組合員債務者との密度の高いコミュニケーション → より的確な経営実態の把握 → 適切な債務者区分判断

第8節　債権の分類方法と分類基準

1．JA支店の主な自己査定対象債権等

　第2ステップ以降では、資産の分類を行います。

　JAの支店（支所）における自己査定では、信用事業においては主に「貸出金」、経済事業においては主に「購買未収金」を対象として査定することになります。

【主な自己査定対象債権等】

事業資産			科目等	
信用事業資産	信用事業債権		貸出金	
				割引手形・手形貸付 証書貸付・当座貸越
			貸出金に準ずる債権	
				未収利息・未収金 貸出金に準ずる仮払金 債務保証見返
経済事業資産	経済事業債権			
		購買事業	購買未収金（経済事業未収金）	
			受取手形	
		販売事業	販売未収金（受託販売債権）	
	棚卸資産			
その他	加工・利用事業		利用未収金（事業未収金）	

2．分類対象外債権

　分類対象外債権とは、分類をしなくてもよい債権のことで、どの債務者区分であったとしても、その債権に問題のない限りⅠ分類（非分類）となります。

分類の対象外となる債権	留意事項
特定の返済財源により短時日のうちに回収が認められる債権	「特定の返済財源により近く入金が確実な」場合とは、概ね１ヵ月以内に貸出金が回収されることを関係書類で確認できる場合のことです。
貯金等や国債等の優良担保の処分可能見込額に見合う債権	―
優良保証付債権	―
共済金の支払いが確実に認められる債権	―
出資金の返済額により回収を予定している出資金相当額に見合う債権	―

3．債権の分類方法と分類基準

　債務者区分に従って、次のように分類します。

① 正常先に対する債権の分類

　原則としてすべてⅠ分類になります（有担無担を問わない）。自己査定ワークシートの作成は不要です。債務者区分の正確性が最も重要視されるゆえんです。

② 要注意先に対する債権の分類（第５章、要注意先の自己査定ワークシート参照）

・Ⅰ分類：分類対象外債権

　　　　　優良担保・優良保証により保全されている債権

　　　　　資金使途や貸出条件等の問題や延滞等もなく、回収について通常を上回る危険性もないと認められる債権（無担保債権等であってもⅠ分類となる場合があり得る）

・Ⅱ分類：資金使途や貸出条件等の問題や延滞等があり、回収について通常を上回る危険性がある債権で、優良担保・優良保証等により保全措置が講じられていない債権

③ 破綻懸念先に対する債権の分類（第５章、破綻懸念先の自己査定ワークシート参照）

・Ⅰ分類：分類対象外債権

　　　　　優良担保・優良保証により保全されている債権

・Ⅱ分類：一般担保による処分可能見込額・一般保証により回収が可能と認められる債権、清算配当等による回収が可能と認められる債権

・Ⅲ分類：Ⅰ分類、Ⅱ分類以外の債権

④ 実質破綻先および破綻先に対する債権の分類（第5章、実質破綻先・破綻先の自己査定ワークシート参照）

- Ⅰ分類：分類対象外債権
    優良担保・優良保証により保全されている債権
- Ⅱ分類：一般担保による処分可能見込額・一般保証により回収が可能と認められる債権、清算配当等による回収が可能と認められる債権
- Ⅲ分類：優良担保および一般担保の担保評価額と処分可能見込額との差額
- Ⅳ分類：Ⅰ分類、Ⅱ分類、Ⅲ分類以外の債権

「債務者区分」と「分類区分」の関係をマトリクス図にしましたので、必ず覚えましょう。

債務者区分	分類区分			
正常先	Ⅰ分類			
要注意先	Ⅰ分類	Ⅱ分類		
破綻懸念先	Ⅰ分類	Ⅱ分類	Ⅲ分類	
実質破綻先	Ⅰ分類	Ⅱ分類	Ⅲ分類	Ⅳ分類
破綻先	Ⅰ分類	Ⅱ分類	Ⅲ分類	Ⅳ分類

4．未収利息の取扱い

　未収利息は、利息後払い方式の証書貸付に発生するケースが多いです。未収利息は、通常、資産として計上しますが、元本回収の危うい破綻懸念先・実質破綻先・破綻先の未収利息を資産に計上することはふさわしくないため、資産不計上とします。

債務者区分	資産の計上方法
破綻懸念先・実質破綻先・破綻先	未収利息を資産不計上

第9節　優良担保と一般担保

1．担保による調整

債務者区分が要注意先以下の場合、担保の処分可能見込額により保全されている債権について、次の表の分類区分となります。

担保の項目	処分可能見込額により保全されている債権の分類区分
優良担保	Ⅰ分類（非分類）
一般担保	Ⅱ分類

2．優良担保と一般担保

優良担保の種類と、処分可能見込額とされる範囲は、次のとおりです。

担保の種類	処分可能見込額の範囲
自JA貯金	全　額
自JA定期積金	掛込済金額
共済契約	基準日時点での解約受取金額

一般担保とは、優良担保以外の担保で客観的な処分可能性があるものをいいます。

不動産担保が一般担保として取扱いされるための留意点は、次のとおりです。

> ・登記留保扱いの抵当権は、原則として扱いません。ただし、登記留保を行っていることに合理的な理由が存在し、登記に必要な書類がすべて整っており、かつ、直ちに登記が可能なものに限り、一般担保として差し支えないとされます。
> ・保安林、道路、沼などは抵当権設定があっても、原則として一般担保としてみられません。

なお、商品等を担保とする「動産担保」や売掛債権等を担保とする「債権担保」も適切に管理されることで一般担保となります。

3．担保評価額と処分可能見込額

担保評価額とは、客観的・合理的な評価方法で算出した**評価額（時価）**をいいます。

処分可能見込額とは、担保評価額を踏まえ、**当該担保物件の処分により回収が確実と見込まれる額**をいいます。

４．不動産担保に係る評価方法と掛け目

　土地・建物の不動産担保に係る評価方法と処分可能見込額を算出するための担保評価額に乗じる掛け目は、次のとおりです。

評価方法	処分可能見込額（例）
自JAの担保評価	評価額（時価）×70%
不動産鑑定士の鑑定評価額	評価額（時価）×80%
不動産鑑定士の簡易鑑定	評価額（時価）×70%
競売手続中で売却基準価額が未定の場合、執行裁判所が定める評価人の評価額	評価人の評価額×80%
競売手続中で売却基準価額が決定した場合	売却基準価額×80%
競売で売却許可決定し、買受価額が確定した場合	買受価額×100%

５．担保評価の見直し

　担保不動産評価額は、再評価または時点修正による見直しが必要です。

債務者区分	見直し回数
正常先・要注意先	年１回行うことが望ましい
破綻懸念先・実質破綻先・破綻先	・年１回必須 ・半期に１回行うことが望ましい

第10節　優良保証と一般保証

1．保証による調整

　債務者区分が要注意先以下の場合、保証により保全されている債権について、次の表の分類区分となります。

保証の項目	保証により保全されている債権の分類区分
優良保証	Ⅰ分類（非分類）
一般保証	Ⅱ分類

2．優良保証と一般保証

　優良保証の保証機関には、次のようなものがあります。

- 公的信用保証機関（農業信用基金協会、信用保証協会、独立行政法人農林漁業信用基金）
- 金融機関
- 複数の金融機関が共同で設立した保証機関（一般社団法人全国（県）農協（信用）保証センター）
- 地方公共団体と金融機関が共同で設立した保証機関
- 地方公共団体の損失補償契約
- 一般事業会社の保証については、金融商品取引所上場の有配会社で、かつ保証者が十分な保証能力を有し、正式な保証契約によるもの

　ただし、次の場合には優良保証とみなされないことがあるので、注意してください。

- **保証機関の保証履行が及ばない範囲**
- **JAが代位弁済手続を失念または遅延する等保証履行手続不備等の事情から代位弁済が拒否の場合**
- JAが保証履行請求を行う意思がない場合
- 保証機関等の経営悪化等により代弁請求が不可または代弁が受けられない場合

　一般保証とは、優良保証以外の保証をいいます。

　保証会社が十分な保証能力を有する一般事業会社に該当するかの検証にあたっては、当該保証会社の財務内容、債務保証の特性、保証料率等の適切性等を踏まえた十分な実態把握を行い検証します。

第11節　リスク管理債権と債権区分

　JAは、農業共同組合法施行規則第204条第1項第1号により、貸出金のうち不良債権額がどのくらいあるか「リスク管理債権」として公衆に縦覧することを義務付けられています。リスク管理債権は、破綻先債権、延滞債権、3ヵ月以上延滞債権および貸出条件緩和債権に区分されますが、これらの区分は自己査定結果に基づいて行われます。

　さらに、金融機能再生緊急措置法（以下「金融再生法」といいます）施行規則第4条による金融再生法開示債権は、総代会などの資料では開示が要請されておらず、ディスクロージャー誌に開示することが一般的です。金融再生法開示債権の債権区分は破産更生債権及びこれらに準ずる債権、危険債権、要管理債権、正常債権ですが、これらも債務者区分に応じて区分されます。

　リスク管理債権、金融再生法開示債権と自己査定における債務者区分の関係をイメージ図としてまとめると次のとおりです。

【リスク管理債権、債権区分および債務者区分の関係】

農協法施行規則 リスク管理債権	金融再生法開示債権 債権区分	自己査定 債務者区分
信用事業貸出金のみ	信用事業債権	信用事業債権
破綻先債権	破産更生債権及び これらに準ずる債権	破綻先
延滞債権		実質破綻先
	危険債権	破綻懸念先
3ヵ月以上延滞債権	要管理債権	要注意先（要管理先）
貸出条件緩和債権		
	正常債権	要注意先（その他）
		正常先

貸出金以外

第2編
自己査定の実務

第4章　総与信調査表の作り方と見方

(▶演習問題は170ページ)

第1節　自己査定提出資料

自己査定実務にあたっては、多くの資料を作成しなければなりません。チェックリストを作成し、漏れがないよう、確認するようにしましょう。

JAの自己査定提出資料（兼チェックリスト）

店番	支店名	利用者番号	農家組合員債務者名

※　簡易査定先についてはラインシート類綴のうちラインシートとワークシートのみ作成または添付

提出書類名	確認欄
査定債務者索引簿（兼自己査定結果変更リスト）	
自己査定　顧客一覧表	
＜ラインシート類綴＞	
債務者区分判断の査定記録	
総与信調査表（ラインシート）	
自己査定ワークシート（要注意先以下）	
利用者概要表（兼債務者概況表）	
所有不動産時価算定表	
固定資産税　課税資産明細書の写し	
貯金・共済積立金・販売未収金　残高管理表	
当JAにおける貯金・共済積立金・販売未収金の残高明細	
当JA借入金・購買未払金・借入金　残高管理表	
当JAにおける借入金・購買未払金の残高明細および他金融機関の返済予定明細または残高証明書	
組合員等利用者　訪問・面談記録票	
過去数年間の貸出明細ごとの返済履歴明細	
不動産担保明細＊	
「実態修正後の正味純資産」算出シート＊	
「実態修正後の期間収支（債務償還財源）」算出シート＊	
実態修正に係る家族等の資産や収入の疎明資料（エビデンス）＊	
支援意思確認記録書＊	
収益用不動産明細表（賃貸住宅ローンなど収益用不動産貸出先対象）＊	
個人経営（家族経営）の農業者の実態に沿った資金繰り実績表＊	
個人経営（家族経営）の農業者の実態に沿った経営改善計画書＊	
住宅ローン家計収支実態調査相談票＊	
貸出条件緩和債権判定ワークシート＊	
貸出条件変更明細時系列一覧表＊	
（注1）貸出稟議書、貸出調査資料、賃貸不動産調査管理票＊	
（注2）農業所得用の確定申告書および青色申告決算書（または収支内訳書）	
不動産所得用の確定申告書および青色申告決算書（または収支内訳書）	

⇒ 二次査定

・＊は、該当する先のみ作成または添付すること。
・（注1）と（注2）については依頼に応じてすぐ提出できるように原店にて準備しておくこと。

（注）本書において記載のない資料についても、参考として記載があります。

自己査定提出資料のうち、「総与信調査表」は、債務者への貸出金や購買未収金などの与信明細、資産負債調および期別貯貸金残高推移等の情報を一覧できる表です。自己査定の中心的な資料として作成します。本章では、「前回自己査定情報や与信明細など」、「資産負債」欄、「経営収支」欄に分けて解説します。

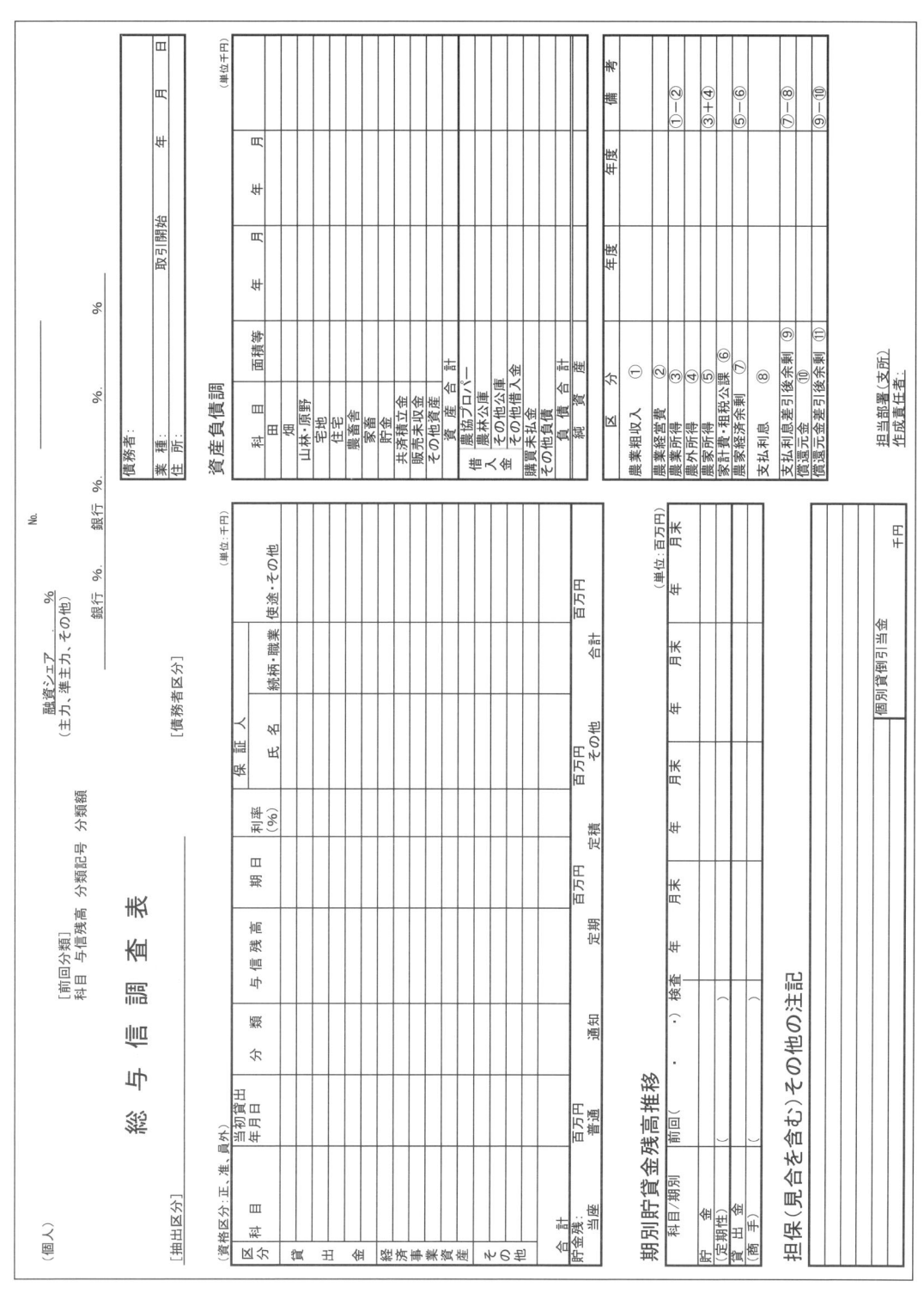

第2節　総与信調査表　前回自己査定情報や与信明細などの作り方と見方

前回自己査定情報や与信明細などの作り方と見方は次のとおりです。

① [前回分類]　　　　　　　② 融資シェア　％
科目　与信残高　分類記号　分類額　　（主力、準主力、その他）

総与信調査表

③ [抽出区分]　　　　　[債務者区分]〈今回区分〉

債務者：
④ 業　種：　　取引開始：
住　所：

（資格区分：正、准、員外）

（単位：千円）

⑤ 区分	科目	当初貸出年月日	分類	与信残高	期日	利率(%)	保証人 氏名	続柄・職業	使途・その他
貸出金									
⑥									
⑦									
経済事業資産									
その他									
合　計									

貯金残：当座　、普通　、通知　、定期　、定積　、その他　、合計

⑧ 期別貸貸金残高推移

科目別〔貯金（定期性）、貸出金（商手）〕／期別	前回（・・）検査	年　月　末	年　月　末

34

① 「前回分類」は前回の自己査定結果だけでなく、下表のように今回の自己査定結果、行政庁検査や中央会監査の資産査定結果も一覧で表示したほうがわかりやすくなります。

	前回自己査定		今回自己査定		前回 行政庁検査		前回 中央会監査	
	貸出金	購買 未収金	貸出金	購買 未収金	貸出金	購買 未収金	貸出金	購買 未収金
与信計								
Ⅱ分類								
Ⅲ分類								
Ⅳ分類								
分類計								

② 「融資シェア」は、「自JAの貸出金」を、「自JAの貸出金」と「他の金融機関からの借入金」を加算した金額で除して算定します。比率が大きい金融機関が主力となります。

③ 「抽出区分」は、抽出基準に示されている『符号』を指しています。したがって、該当するすべての『符号』を記載します。

④ 債務者欄の「業種」は農業でも結構ですが、JAとしては例えば、「水田作経営」「野菜作経営」「果樹作経営」や「肉用牛経営」などと、営農類型で記載してください。

⑤ 「区分」は、「貸出金」「経済事業資産」「その他」がすでに表示されていますが、支店等では「信用事業債権（主に貸出金）」「経済事業債権（主に購買未収金）」「その他（主に利用未収金）」と実情にあった区分を表示したほうがわかりやすくなります。

⑥ 「分類」は、与信の分類区分（Ⅰ～Ⅳ分類）を記入する欄ですが、別途「自己査定ワークシート」を作成したほうが効率的です。

⑦ 「保証人」は、経営者以外の第三者の個人連帯保証を求めないことを原則とする融資慣行を確立する観点から、保証人の農業経営への関与度合を確認されます。

　また、「経営者保証に関するガイドライン」に従い適切に対応しているかを明確にします。

⑧ 「期別貸金残高推移」は、前回検査時点の計数も必要です。

第4章　総与信調査表の作り方と見方

第3節　総与信調査表「資産負債」欄の作り方と見方

１．総与信調査表「資産負債」欄の重点確認必須項目

　次ページの表のうち、左側は総与信調査表「資産負債」欄を抜粋したものです。総与信調査表「資産負債」欄をみるにあたってのポイントは、〇内の純資産がマイナスでないかどうかです。純資産は、「資産合計マイナス負債合計」により算定します。マイナス数値であれば「負債＞資産」ということとなり、「債務超過」となります。「債務超過」は抽出基準にも記載されているとおり、自己査定や行政庁検査の対象先となります。

　例えば、自己査定において「債務超過」が２期連続だとすると、形式基準による仮債務者区分は「破綻懸念先」以下となり、これが実質基準で債務者区分を判定する起点となることから、最終的な債務者区分をせめて「要注意先」とできるかどうかの難しい判断を迫られることになりかねません。

２．総与信調査表「資産負債」欄と青色申告の「貸借対照表」との対比

　次ページの表は、JA検査提出資料様式例の総与信調査表に登載されている資産負債調の「資産負債」欄と、青色申告の「貸借対照表」にそれぞれ掲載されている「科目」を極力対比させようとしたものです。例えば「資産負債」欄の①田、②畑、③山林・原野、④宅地は、青色申告の「貸借対照表」の科目でⒶ土地に対応することとなります。しかし、土地は減価償却資産ではないことから、青色申告決算書の「減価償却費の計算」明細を確認しても、くわしい内容までは把握できません。

　自己査定においては、総与信調査表の「資産負債」欄には、農業経営に係る事業用および家事用にかかわらず、農家組合員債務者自身の資産負債を計上することとしたほうが、農家組合員債務者自身の経営実態を把握できると考えられます。したがって、総与信調査表「資産負債」欄の④宅地および⑤住宅には、農家組合員債務者やその家族が居住する敷地とその居宅が計上されます。一方、青色申告の「貸借対照表」Ⓐ土地およびⒷ建物・構築物には**経営と家計の分離を図る**という観点から事業用の不動産のみ計上するのが原則です。それと対応して、青色申告の「貸借対照表」Ⓟ借入金についても事業用の借入金のみを計上することとなります。

　ただし、債務者のなかには、居宅を農業経営に係る事業用と家事用の兼用資産として、取得価額から償却累積額を差し引いた未償却残高を青色申告の「貸借対照表」Ⓑ建物・構築物に計上している場合があります。その場合には、青色申告の「貸借対照表」Ⓟ借入金のなかに居宅に対応する住宅ローン残高も計上することで資産負債のバランスをとることができます。なお、居宅の減価償却費は、税務上、事業用分を居宅面積などの割合であん分計算し、必要経費算入額とします。

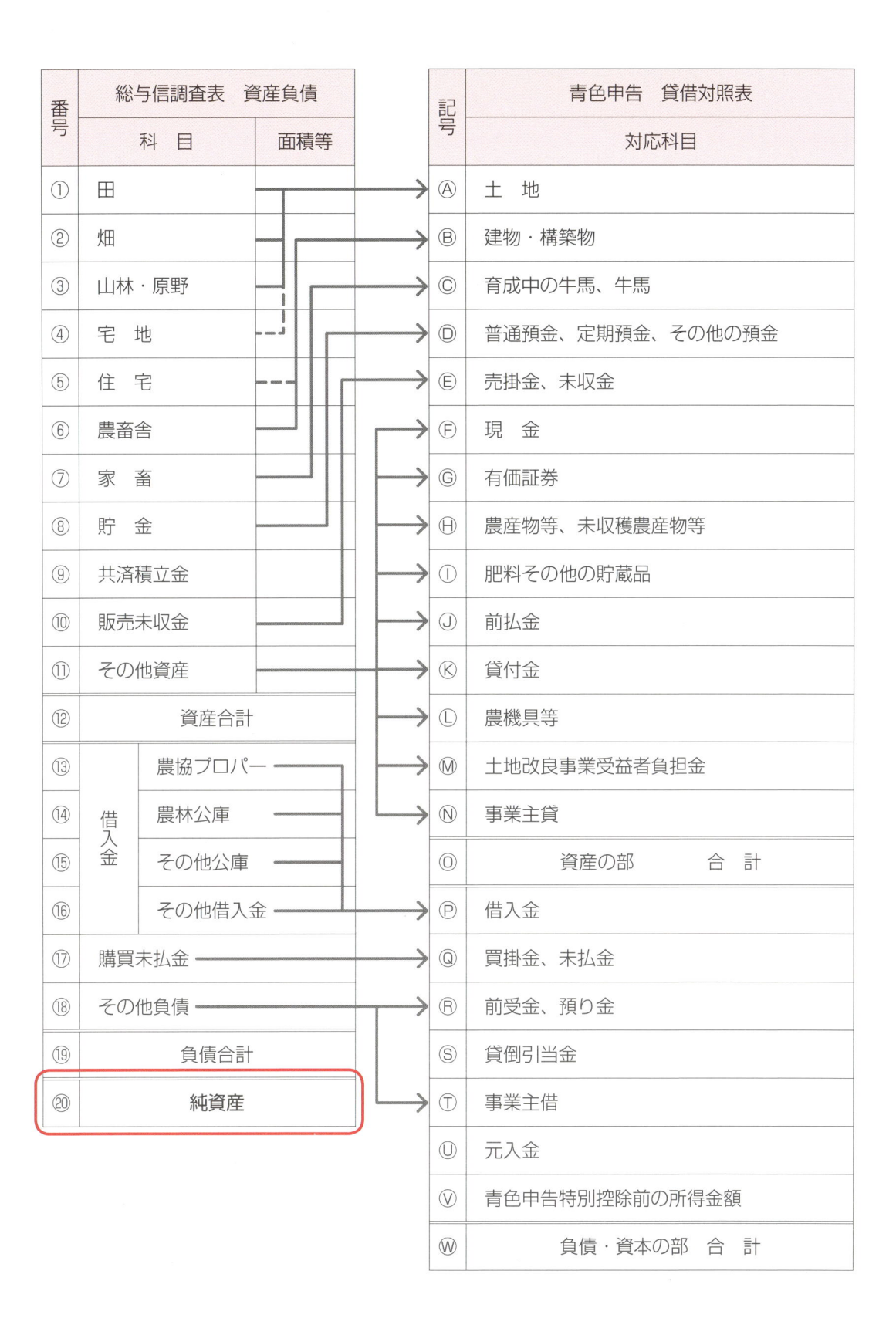

番号	総与信調査表 資産負債 科目	面積等		記号	青色申告 貸借対照表 対応科目
①	田		→	Ⓐ	土 地
②	畑		→	Ⓑ	建物・構築物
③	山林・原野		→	Ⓒ	育成中の牛馬、牛馬
④	宅 地		→	Ⓓ	普通預金、定期預金、その他の預金
⑤	住 宅		→	Ⓔ	売掛金、未収金
⑥	農畜舎		→	Ⓕ	現 金
⑦	家 畜		→	Ⓖ	有価証券
⑧	貯 金		→	Ⓗ	農産物等、未収穫農産物等
⑨	共済積立金		→	Ⓘ	肥料その他の貯蔵品
⑩	販売未収金		→	Ⓙ	前払金
⑪	その他資産		→	Ⓚ	貸付金
⑫	資産合計		→	Ⓛ	農機具等
⑬	借入金 農協プロパー			Ⓜ	土地改良事業受益者負担金
⑭	借入金 農林公庫			Ⓝ	事業主貸
⑮	借入金 その他公庫			Ⓞ	資産の部　合　計
⑯	借入金 その他借入金		→	Ⓟ	借入金
⑰	購買未払金		→	Ⓠ	買掛金、未払金
⑱	その他負債		→	Ⓡ	前受金、預り金
⑲	負債合計			Ⓢ	貸倒引当金
⑳	**純資産**		→	Ⓣ	事業主借
				Ⓤ	元入金
				Ⓥ	青色申告特別控除前の所得金額
				Ⓦ	負債・資本の部　合　計

第4章 総与信調査表の作り方と見方

3．債務者への実地調査による資産負債の実態把握

　個人経営（家族経営）の農家組合員債務者から貸借対照表を添付した青色申告決算書を提出されたとしても、その貸借対照表には付属明細が付いていないことから、青色申告の「貸借対照表」と対比しながら、総与信調査表の「資産負債」欄を完成させることはできません。

　では、総与信調査表の「資産負債」欄を完成させるためには、どうしたらよいのかというと、JA役職員自らが継続的に、農家組合員債務者の自宅や農作業を行っている現地現場へ直接訪問し面談することで、**常日頃から農家組合員債務者との信頼関係を築き上げておかなければなりません**。白色申告はもちろん、青色申告でも貸借対照表のあるなしにかかわらず実地調査や必要資料徴求は非常に重要です。実地調査や必要資料徴求の成果は、その信頼関係の密度に応じて表れるものです。

　JA役職員が特に認識すべきことは、農家組合員債務者が債務超過先として抽出されて、債務者区分が最悪「破綻懸念先」以下になるかもしれないということを恐れて、実地調査をおろそかにして債務者区分の判定を結果的に甘くしてはいけない、ということです。なぜなら、JAは**農業協同組合法第10条第1項**に、『**組合員のためにする農業の経営及び技術の向上に関する指導**』と定められるとおり、なぜ「債務超過」に陥ったのかを農家組合員債務者とともに考え、相談にのってあげて、「債務超過」となった原因を究明し、経営改善計画を一緒に策定することが求められているからです。

　それが、「自己査定は、信用リスク管理の手段」といわれる所以です。それによって、農家組合員債務者による農業経営が改善されれば、JAの経営自体も健全性維持・向上が期待できます。

　次ページからは、総与信調査表の「資産負債」欄を埋めるための作り方を具体的に解説します。

4．総与信調査表「資産負債」欄の作り方

次の図は、総与信調査表「資産負債」欄を作るにあたってのポイントを、各科目ごとにまとめたものです。くわしい内容は、次ページ以降の対応する項目を参照してください。

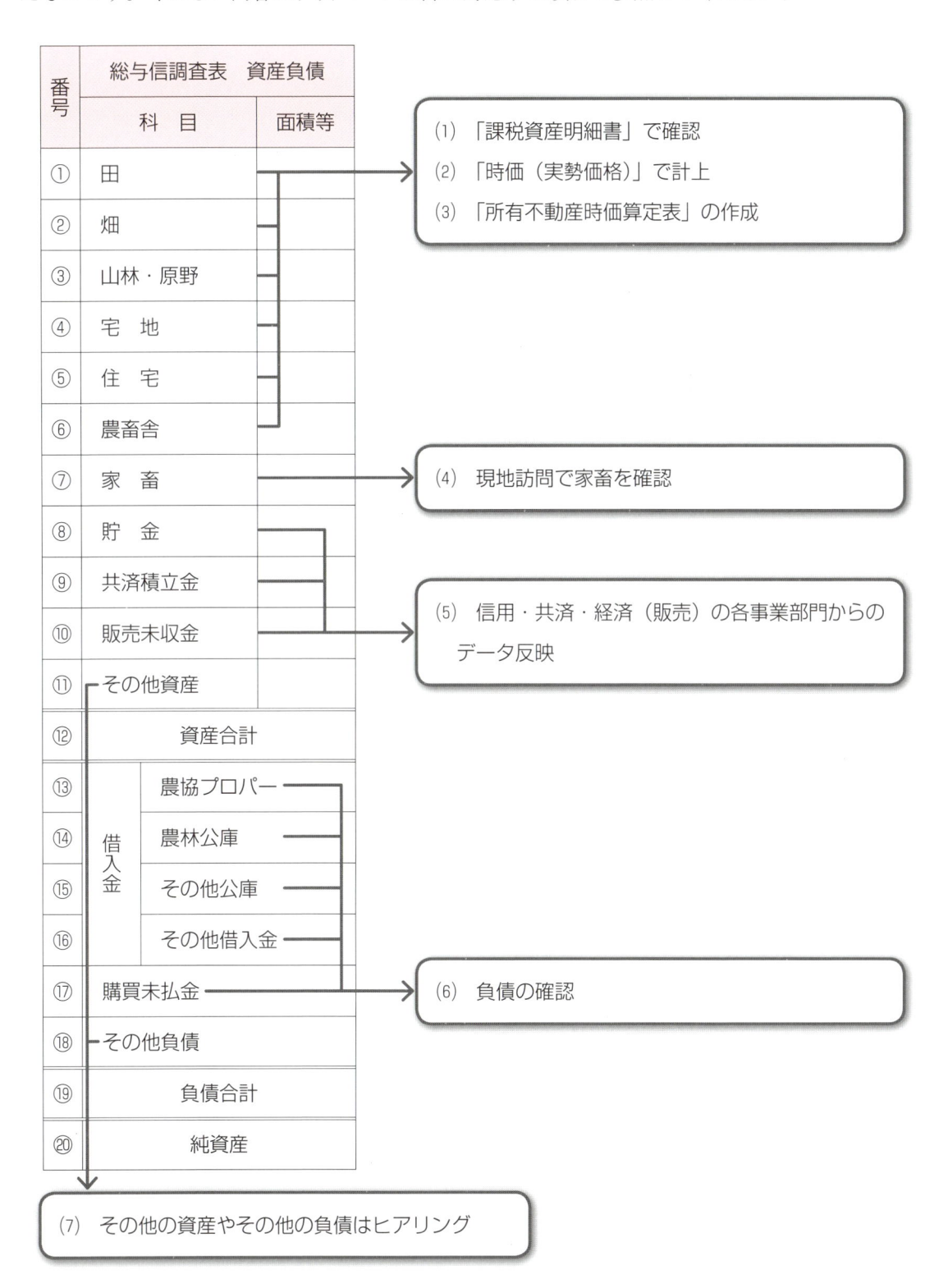

番号	総与信調査表　資産負債 科目	面積等
①	田	
②	畑	
③	山林・原野	
④	宅地	
⑤	住宅	
⑥	農畜舎	
⑦	家畜	
⑧	貯金	
⑨	共済積立金	
⑩	販売未収金	
⑪	その他資産	
⑫	資産合計	
⑬	借入金　農協プロパー	
⑭	借入金　農林公庫	
⑮	借入金　その他公庫	
⑯	借入金　その他借入金	
⑰	購買未払金	
⑱	その他負債	
⑲	負債合計	
⑳	純資産	

①〜⑥について：
(1) 「課税資産明細書」で確認
(2) 「時価（実勢価格）」で計上
(3) 「所有不動産時価算定表」の作成

⑦について：
(4) 現地訪問で家畜を確認

⑧〜⑩について：
(5) 信用・共済・経済（販売）の各事業部門からのデータ反映

⑬〜⑰について：
(6) 負債の確認

⑪・⑱について：
(7) その他の資産やその他の負債はヒアリング

第4章　総与信調査表の作り方と見方

(1) 「課税資産明細書」で確認

　土地、建物は時価で計上します。そのためには、市町村役場が4月上旬以降に送付する「固定資産納税通知書」に添付されている『固定資産税　課税資産明細書』（以下「**課税資産明細書**」といいます）の写しが必要です。農家組合員等債務者に提出を依頼します。提出された写しは、疎明資料（エビデンス）として保管します。

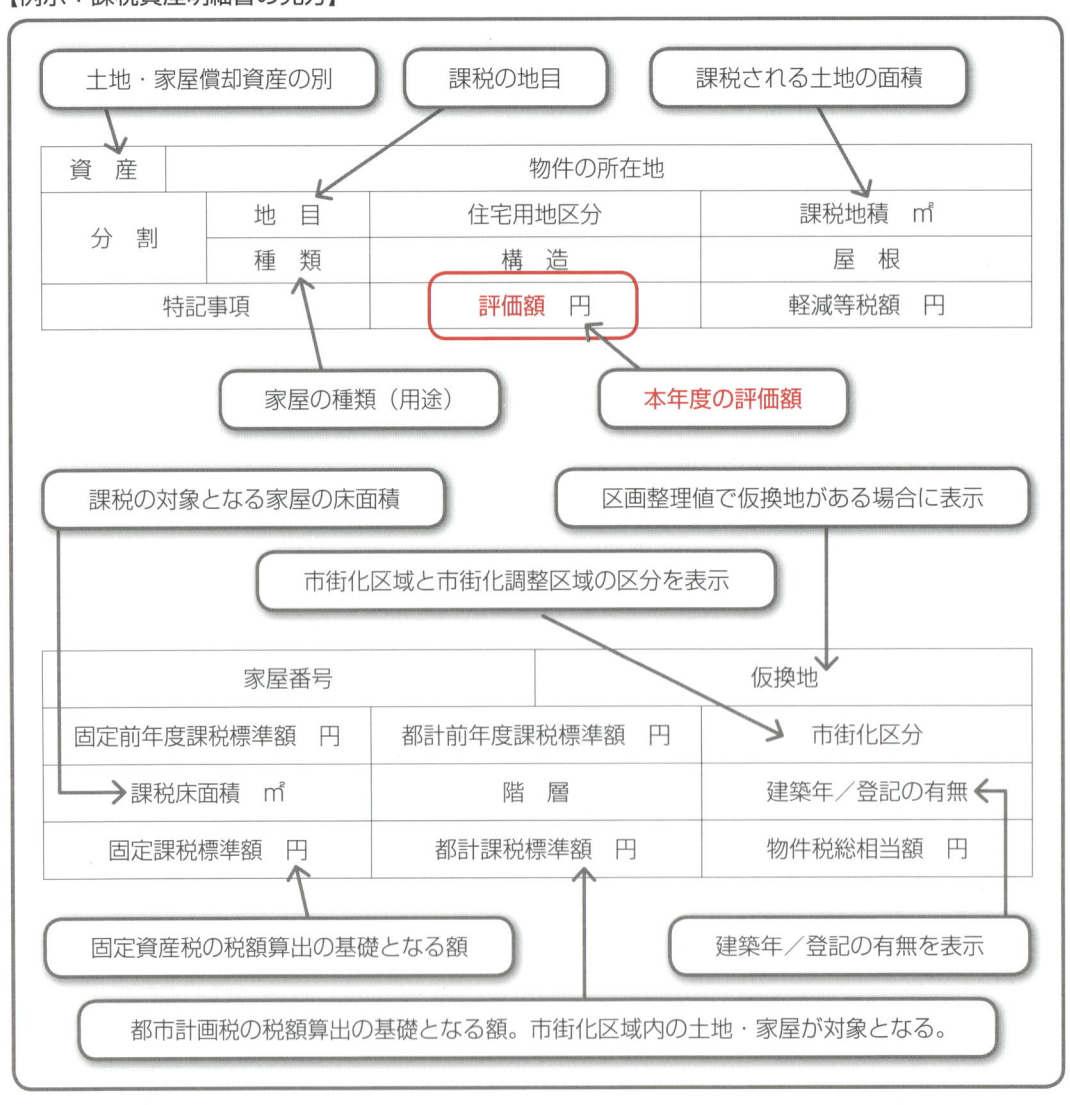

　ある地方公共団体の課税資産明細書を例示します。「本年度の評価額」を確認してください。横長のサイズであるため、上下に分けて表示します。

【例示：課税資産明細書の見方】

資　産	物件の所在地		
分　割	地　目	住宅用地区分	課税地積　㎡
	種　類	構　造	屋　根
特記事項	評価額　円		軽減等税額　円

- 土地・家屋償却資産の別 → 地目
- 課税の地目 → 地目
- 課税される土地の面積 → 課税地積
- 家屋の種類（用途） → 種類
- **本年度の評価額** → 評価額

家屋番号		仮換地	
固定前年度課税標準額　円	都計前年度課税標準額　円	市街化区分	
課税床面積　㎡	階　層	建築年／登記の有無	
固定課税標準額　円	都計課税標準額　円	物件税総相当額　円	

- 課税の対象となる家屋の床面積 → 課税床面積
- 区画整理値で仮換地がある場合に表示 → 仮換地
- 市街化区域と市街化調整区域の区分を表示 → 市街化区分
- 建築年／登記の有無を表示 → 建築年／登記の有無
- 固定資産税の税額算出の基礎となる額 → 固定課税標準額
- 都市計画税の税額算出の基礎となる額。市街化区域内の土地・家屋が対象となる。 → 都計課税標準額

(2) 「時価（実勢価格）」で計上

土地の固定資産税評価額に係る価格水準は、およそ時価の70％で定められていることから、この評価額を0.7で割り戻すと、おおよその時価を算定できます。

家屋などの建物は、課税資産明細書の評価額をそのまま使用します。

なお、固定資産税の評価替えは3年に一度あり、直近は平成27年です。

【『「時価（実勢価格）」で計上』の根拠：公的土地価格の概要一覧】

種 類	公示価格	都道府県基準地価格	路線価（相続税評価額）	固定資産税評価額
価格時点	毎年1月1日	毎年7月1日	毎年1月1日	1月1日 （3年に1度評価）
公表時期	毎年3月下旬	毎年9月下旬	毎年7月上旬	基準年の4月頃 （縦覧毎年4月頃）
評価の目的	・一般の土地取引指標 ・公共用地の取得価格算定の規準	・国土利用計画法の規制価格規準 ・公示価格を補うもの	・相続税課税 ・贈与税課税	・固定資産税課税
実勢価格との割合	ほぼ100％	ほぼ公示価格同一価格水準	公示価格の80％程度	公示価格の70％程度

(3) 「所有不動産時価算定表」の作成

農業者の多くは田畑などの不動産を何ヵ所か所有しているため、『所有不動産時価算定表「総与信調査表（資産負債調補足）兼用」』を作成し、課税資産明細書と一緒に保管し総与信調査表「資産負債」欄の疎明資料にします。この資料は、JA検査提出資料様式例でも総与信調査表の「資産負債調補足」として掲載されていることから、非常に大切です。

【例示1：所有不動産時価算定表「総与信調査表（資産負債調補足）兼用」】

科 目 （地目）	所在地	面積（㎡） 〔地積（㎡）〕	固定資産税 評価額（千円）	割戻計算	時価 （千円）
田					
田				÷0.7	
田					
田					
田 合計					

【例示2：所有不動産時価算定表「総与信調査表（資産負債調補足）兼用」】

科 目 （種類）	所在地	面積（㎡） 〔床面積（㎡）〕	固定資産税 評価額（千円）	計 算	時価 （千円）
酪農舎					
酪農舎				×1.0	
酪農舎					
酪農舎					
酪農舎 合計					

(4) 現地訪問で家畜を確認

　家畜の飼育数や飼育環境の調査にあたっては、現地を訪問します。現地訪問対象先は、酪農・畜産・養豚・養鶏などの飼育農家で、資産として相当な金額を有する先とします。

　現地訪問の際にはあらかじめ、現場写真の撮影を伴う実地調査（実調）であることを、農家組合員より了解をとってから実調を行ってください。

　実調においては、後日疎明できるように何ヵ所かの現場写真を撮影し、適当な用紙を台紙にしたものに貼付します。現地写真を貼付した用紙には、実地調査を行った日時と担当者、飼育管理状況などを記載のうえ、総与信調査表の「資産負債調補足」とします。

(5) 信用・共済・経済（販売）の各事業部門からのデータ反映

　貯金（信用事業）、共済積立金（共済事業）および販売未収金〔経済（販売）事業〕の残高は、各事業部門から12月末時点の残高を確認します。

　自JA内部のデータベースから自動的に反映できることが望ましいです。データ反映が自動的にできない場合には、自己査定基準日（仮基準日も含む）の残高が把握できる資料から総与信調査表に記載したうえ、総与信調査表の「資産負債調補足」とします。

【例示：貯金・共済積立金・販売未収金　残高管理表「総与信調査表（資産負債調補足）兼用」】
　平成○○年12月31日現在　　　　　　　　　　　　　　　　　　　　（単位：千円）

信用事業	残　高	共済事業	残　高	販売事業	残　高
当座貯金		終身共済		米	
普通貯金		医療共済		麦・豆・脱穀	
貯蓄貯金		がん共済		野　菜	
定期貯金		介護共済		果　実	
定期積金		養老生命共済		花き・花木	
定期積金		建物更生共済		畜　産　物	
貯　金		共済積立金		販売未収金	

⑹ 負債の確認

　借入金は12月末残高を確認します。借入金のうち「農協プロパー」は、自JAの貸出金など信用事業債権を反映させます。科目名は「農協プロパー」ですが、機関保証のあるなしにかかわらず、すべての貸出金を含めるべきです。購買未払金は、自JAの購買未収金などの経済事業債権を反映させます。いずれもJA内部のデータベースから自動的に反映できることが望ましいです。

　「農林公庫」は日本政策金融公庫農林水産事業、「その他公庫」は住宅金融支援機構、「その他借入金」は他金融機関からの借入金のことであり、それぞれの融資機関から「残高証明書」あるいは「返済予定表」を徴求して12月末残高を確認することが望ましいです。

　ただし、上記方法が難しい場合には、ヒアリングでもやむを得ません。これらは、総与信調査表の「資産負債調補足」とします。

【例示：当JA借入金・購買未払金・借入金　残高管理表「総与信調査表（資産負債調補足）兼用」】
　平成○○年12月31日現在　　　　　　　　　　　　　　　　　　　　　　　　　　（単位：千円）

貸出金	残　高	購買事業	残　高	借入金	残　高
割引手形		肥　料		日本政策公庫	
手形貸付		農　薬		同　上	
手形貸付		飼　料		農林公庫	
証書貸付		その他		その他公庫	
証書貸付		生産資材計		他金融機関	
当座貸越		生活物資計		同　上	
農協プロパー		購買未払金		その他借入金	

⑺ その他資産やその他負債はヒアリング

　その他資産のうち、農機具など使用年数がかなり経過しているものは、使用価値がないということで「ゼロ」と評価したほうがよいでしょう。また、少額資産はものにもよりますが、「ゼロ」と評価すべきです。

　農家組合員債務者とのヒアリングのなかで、株式や不動産の売却損など資産内容に悪影響の可能性がある科目が判明した場合は、必ず記載しましょう。

　資産内容を悪化させる情報は、継続的な現地訪問時の農家組合員等債務者との会話で収集できるよう心がけてください。

5．債務超過解消年数による債務者区分の判断

　資産負債調の目的は、「実質債務超過」がないかどうかを徹底的に調査することです。しかし、その結果、実質的に債務超過であったとしても、債務超過額だけでは客観的な基準などがない限り債務者区分の判断は難しいものです。そこで、「債務超過解消年数」により債務者区分を判断するための目安となる方法を解説します。

　「債務超過解消年数」とは、キャッシュ・フローにより実質債務超過（マイナス純資産）を何年で解消できるかということです。「キャッシュ・フロー」とは、系統金融検査マニュアルでは「キャッシュ・フローとは、当期利益に減価償却など非資金項目を調整した金額をいう」となっています。ここでは、厳格に定義せず債務者区分判断の目安として、「農家組合員債務者自身の債務償還財源（返済財源）」としました。

【債務超過解消年数による債務者区分判断の目安】

１．算定式

$$債務超過解消年数 = \frac{実質債務超過額（マイナス純資産）}{農家組合員債務者自身の債務償還財源（返済財源）}$$

２．債務者区分判断の目安

債務者区分 判断の目安	要注意先 （または正常先）	要注意先	破綻懸念先
実質債務超過 解消年数	1年	2年～5年	5年～

> 正常先と判断できる目安とは、経営収支の著しい回復により、1年で解消し、その後も債務超過に陥る懸念がない場合です。

　設例として、主業農家経営体である甲さんの総与信調査表資産負債調を示しています。「経営収支」欄は甲さん自身の債務償還財源を算定するために付けています。

設例

【主業農家経営体 甲さんの資産負債と経営収支】

資産負債調

科　目	面積等	○年12月
田	272.6a	2,726
畑	315.6a	5,365
山林・原野	234.7a	469
宅　地	12.5a	2,375
住　宅		5,500
農畜舎		1,990
家　畜		984
貯　金		3,390
共済積立金		2,500
販売未収金		452
その他資産		3,825
資産合計		29,576
借入金　農協プロパー（無担保）		3,878
借入金　JA農業融資		12,500
借入金　基金協会住宅ローン		16,350
借入金　基金協会カーローン		1,250
購買未払金		484
その他負債		396
負債合計		34,858
純資産		**▲5,282**

経営収支　　　　　　　（単位：千円）

区　分	金　額
農業粗収益	15,494
農業経営費	11,085
農業所得	4,409
農外収入	560
農外支出	150
農外所得	410
農家所得	4,819
年金等の収入	1,426
農家総所得	6,245
租税公課諸負担（租税公課）	125
可処分所得	6,120
推計家計費	2,400
農家経済余剰	3,720
▲専従者給与	3,360
貸倒引当金戻入額	50
減価償却費	1,759
家族労働報酬（専従者給与）を除いた**農家組合員債務者自身の債務償還財源（返済財源）**	**2,169**

▲純資産÷農家組合員債務者自身の債務償還財源（返済財源）＝5,282千円÷2,169千円≒2.4年
したがって、債務超過は1年では解消しないため、債務者区分は「要注意先」とこの時点では判断せざるを得ません。

第4節　総与信調査表「経営収支」欄の作り方と見方

1．総与信調査表「経営収支」欄の重点確認必須項目

　次の表のうち、左側はJA検査提出資料様式例の総与信調査表「経営収支」欄を抜粋したものです。総与信調査表「経営収支」欄をみるにあたってのポイントは、2つあります。

　まず、◯内の『償還元金差引後余剰』です。この数値がマイナスであれば、債務償還能力（返済能力）に問題があると判断されます。次に、「実質赤字決算先」に該当するかどうかです。赤字決算先とは、農業所得、農外所得、農家所得、農家経済余剰、支払利息差引後余剰および償還元金差引後余剰のいずれかの所得や余剰で赤字即ちマイナスであることをいいます。さらに、「実質」赤字決算先とは、農業粗収入では架空の収入を計上するとか、農業経営費では肥料費や資材費などの費用を故意に減らすとか、家計費を低く見積もるなど、所得が黒字すなわちプラスになるように粉飾していたり、経理の知識不足で減価償却費の計上漏れや限度額まで計上していなかったりするが、これらの粉飾前や計上漏れの前は、所得が赤字すなわちマイナスである先のことをいいます。

2．総与信調査表「経営収支」欄と青色申告の「損益計算書」との対比

　次ページの表は、総与信調査表「経営収支」欄と青色申告「損益計算書」の科目を対比させたものです。

3．債務償還能力を判定するための手順

　償還元金差引後余剰を算出する過程は、次のとおりです。「農家経済余剰」から支払利息と償還元金を差し引いていることからわかるように、農家経済余剰を債務償還財源と考えるのが、農業会計の特徴です。

```
    農業所得（＝農業粗収入－農業経営費）
 ＋）農外所得（＝農外収入－農外支出）
    農家所得
 －）家計費・租税公課
    農家経済余剰
 －）支払利息
    支払利息差引後余剰
 －）償還元金
    償還元金差引後余剰
```

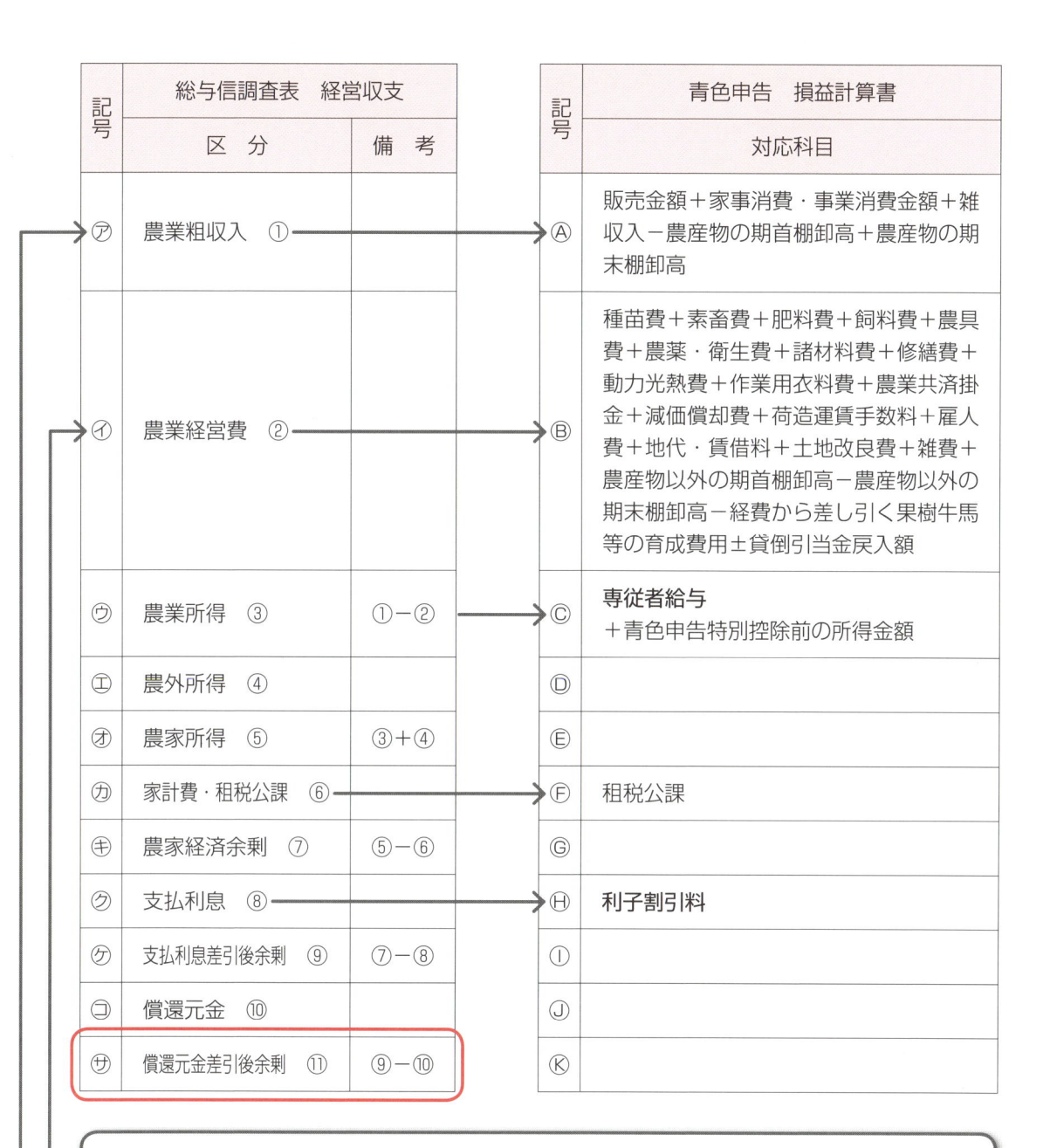

記号	総与信調査表　経営収支		記号	青色申告　損益計算書
	区　分	備　考		対応科目
㋐	農業粗収入　①		Ⓐ	販売金額＋家事消費・事業消費金額＋雑収入－農産物の期首棚卸高＋農産物の期末棚卸高
㋑	農業経営費　②		Ⓑ	種苗費＋素畜費＋肥料費＋飼料費＋農具費＋農薬・衛生費＋諸材料費＋修繕費＋動力光熱費＋作業用衣料費＋農業共済掛金＋減価償却費＋荷造運賃手数料＋雇人費＋地代・賃借料＋土地改良費＋雑費＋農産物以外の期首棚卸高－農産物以外の期末棚卸高－経費から差し引く果樹牛馬等の育成費用±貸倒引当金戻入額
㋒	農業所得　③	①－②	Ⓒ	**専従者給与** ＋青色申告特別控除前の所得金額
㋓	農外所得　④		Ⓓ	
㋔	農家所得　⑤	③＋④	Ⓔ	
㋕	家計費・租税公課　⑥		Ⓕ	租税公課
㋖	農家経済余剰　⑦	⑤－⑥	Ⓖ	
㋗	支払利息　⑧		Ⓗ	**利子割引料**
㋘	支払利息差引後余剰　⑨	⑦－⑧	Ⓘ	
㋙	償還元金　⑩		Ⓙ	
㋚	**償還元金差引後余剰　⑪**	**⑨－⑩**	Ⓚ	

　農業粗収益という用語のほうが通常使用されています。
　農業粗収益とは、1年間の農業経営によって得られた総収益額であり、耕種および畜産の農産物の販売収入、自家消費された金額、農業用生産手段（例えば農機具、自動車など）の一時的賃貸料などを含めます。

　農業経営費とは、1年間の農業経営に要した一切の経費であって、当年における流動的経費および当年に負担すべき固定資産の減価償却費からなっています。したがって、自作地地代、自己資本利子、**家族労賃**は含みません。また、自家農産物を再び農業経営に消費したいわゆる中間生産物および家計廃残物は、農業経営費には算入していません。
　さらに、**負債利子**は含みません。

第4章　総与信調査表の作り方と見方

4．「農家組合員債務者自身の債務償還財源」による債務償還能力の検証

　前記のとおり、農業会計の特徴は「農家経済余剰」を債務償還財源と考えることです。しかし、農家経済余剰には、農業に従事している家族全員の収入も含まれています。これからは、農業経済余剰ではなくて、「農家組合員債務者自身の償還財源」により、債務償還能力を判断すべきです。

　債務償還能力を示すものとして、キャッシュ・フローがあります。系統金融検査マニュアルでは、「キャッシュ・フローとは、当期利益に減価償却など非資金項目を調整した金額をいう」となっています。そこでここでは、次のように定義します。

> 「農家組合員債務者自身の債務償還財源（返済財源）」＝
> 農家経済余剰－青色申告損益計算書の専従者給与＋貸倒引当金戻入額＋青色申告損益計算書の減価償却費

5．「農家組合員債務者自身の債務償還財源」を算出するための「経営収支」欄

　次ページの「経営収支」欄は、「農家組合員債務者自身の債務償還財源」を算出するためのものです。その他にも、この「経営収支」欄には次のような特徴があります。これは一つの例示に過ぎませんが、農家組合員債務者の経営実態をより的確に把握するために、自己査定を行うなかで培った知識を、このように資料そのものに反映していくことも必要です。

> 　この「経営収支」欄の作成にあたって、農林水産省大臣官房統計部公表の「農業経営統計調査　営農類型別経営統計（個別経営）」の統計項目を準用しています。「農業粗収入」や「農業経営費」について、その経営収支の成立にはさまざまな科目があることがわかります。また、「農業経営統計調査」のデータは、自JAの農家組合員のデータと比較するという活用方法があります。

> 　「年金等の収入」を含めているのは、農家組合員債務者が高齢化し農業所得も比較的少ないと見受けられることから、債務償還年数を算定するに際して、農家組合員債務者に不利に働かないようにするためです。なお、この「経営収支」欄における農家経済余剰を算出する過程は次のとおりです。
>
> 　　　　　農家所得（＝農業所得＋農外所得）
> 　　＋）年金等収入
> 　　　　　農家総所得
> 　　－）租税公課
> 　　　　　可処分所得
> 　　－）家計費
> 　　　　　**農家経済余剰**

（このような考え方もあることを覚えておいてください。）

【経営収支】

(単位:千円)

記号	区分	金額	記号	区分	金額
㋐	作物収入		㋥	物件税および公課諸負担は㋱へすべて加算	
㋑	畜産収入		㋦	負債利子 ←	
㋒	受託収入		㋧	企画管理費	
㋓	農業生産関連事業消費		㋨	包装荷造・運搬等料金	
㋔	生産現物家計消費		㋩	共済等の掛金・拠出金	
㋕	農業雑収入		㋪	農業雑支出	
㋖	農業粗収益（㋐〜㋕加算）		㋫	農業経営費（㋗〜㋪加算、㋥を除く）	
㋗	農業雇用労賃		㋬	農業所得（㋖－㋫）	
㋘	種苗・苗木		㋭	農外収入	
㋙	動物		㋮	農外支出	
㋚	肥料		㋯	農外所得（㋭－㋮）	
㋛	飼料		㋰	農家所得（㋬＋㋯）	
㋜	農業薬剤		㋱	年金等の収入 ←	
㋝	諸材料		㋲	農家総所得（㋰＋㋱）	
㋞	光熱動力		㋳	租税公課諸負担（租税公課）	
㋟	農用自動車		㋴	可処分所得（㋲－㋳）	
㋠	農機具		㋵	推計家計費	
㋡	農用建物		㋶	農家経済余剰（㋴－㋵）	
㋢	賃借料		㋷	▲専従者給与	
㋣	作業委託料		㋸	貸倒引当金戻入額	
㋤	土地改良・水利費		㋹	減価償却費	
㋺	家族労働報酬（専従者給与）を除いた**農家組合員債務者自身の債務償還財源（返済財源）**〔㋶－㋷＋㋸＋㋹〕				

ここでの「農業経営費」には「負債利子」を含めています。

第4章　総与信調査表の作り方と見方

49

青色申告 損益計算書に付されている「番号」が、次ページの組替整理表の対応符号となります。

【青色申告 損益計算書】

科　目		番号	金額(千円)	科　目		番号	金額(千円)
収入金額	販売金額	①	㋐㋑㋒	経費	作業委託料	㉖	㋣
	家事事業消費金額	②	㋔㋕			㉗	
	雑収入	③	㋓			㉘	
	小計（①+②+③）	④				㉙	
	農産物の棚卸高 期首	⑤			雑　費	㉚	㋧㋥
	農産物の棚卸高 期末	⑥			小　計	㉛	
	計（④-⑤+⑥）	⑦	㋖		農産物以外の棚卸高 期首	㉜	
経費	租税公課	⑧	㋳		農産物以外の棚卸高 期末	㉝	
	種苗費	⑨	㋘		経費から差し引く果樹牛馬等の育成費用	㉞	
	素畜費	⑩	㋙		計（㉛+㉜-㉝-㉞）	㉟	㋫
	肥料費	⑪	㋚		差引金額（⑦-㉟）	㊱	㋬
	飼料費	⑫	㋛	各種引当金・準備金等	繰戻額等 貸倒引当金	㊲	㋸
	農具費	⑬	㋠			㊳	
	農薬・衛生費	⑭	㋜			㊴	
	諸材料費	⑮	㋝		計	㊵	
	修繕費	⑯	㋟㋡㋢		繰入額等 専従者給与	㊶	㋷
	動力光熱費	⑰	㋞		繰入額等 貸倒引当金	㊷	㋸
	作業用衣料費	⑱	㋥			㊸	
	農業共済掛金	⑲	㋩			㊹	
	減価償却費	⑳	㋘㋙㋟㋡㋢		計	㊺	
	荷造運賃手数料	㉑	㋨		青色申告特別控除前の所得金額（㊱+㊵-㊺）	㊻	
	雇人費	㉒	㋗				
	利子割引料	㉓	㋦		青色申告特別控除額	㊼	
	地代・賃借料	㉔	㋤				
	土地改良費	㉕	㋩		所得金額（㊻-㊼）	㊽	

50

【総与信調査表 経営収支（税務会計から農業会計への組替整理表）】

記号	区　分	番号	記号	区　分	番号
㋐	作物収入	①	㋥	物件税および公課諸負担は㋤へすべて加算	
㋑	畜産収入	①	㋠	負債利子	㉓
㋒	受託収入	①	㋦	企画管理費	㉚
㋓	農業雑収入	③	㋧	包装荷造・運搬等料金	㉑
㋔	農業生産関連事業消費	②	㋨	共済等の掛金・拠出金	⑲
㋕	生産現物家計消費	②	㋩	農業雑支出	⑱㉚
㋖	農業粗収益（㋐〜㋕加算）	⑦	㋪	農業経営費（㋗〜㋩加算、㋥を除く）	㉟
㋗	農業雇用労賃	㉒	㋫	農業所得（㋖－㋪）	㊱
㋘	種苗・苗木	⑨⑳	㋬	農外収入	
㋙	動　物	⑩⑳	㋭	農外支出	
㋚	肥　料	⑪	㋮	農外所得（㋬－㋭）	
㋛	飼　料	⑫	㋯	農家所得（㋫＋㋮）	
㋜	農業薬剤	⑭	㋰	年金等の収入	
㋝	諸材料	⑮	㋱	農家総所得（㋯＋㋰）	
㋞	光熱動力	⑰	㋲	租税公課諸負担（租税公課）	⑧
㋟	農用自動車	⑯⑳	㋳	可処分所得（㋱－㋲）	
㋠	農機具	⑬⑯⑳	㋴	推計家計費	
㋡	農用建物	⑯⑳	㋵	農家経済余剰（㋳－㋴）	
㋢	賃借料	㉔	㋶	▲専従者給与	㊶
㋣	作業委託料	㉖	㋷	貸倒引当金戻入額	㊲－㊷
㋤	土地改良・水利費	㉕	㋸	減価償却費	⑳
㋹	家族労働報酬（専従者給与）を除いた**農家組合員債務者自身の債務償還財源（返済財源）**〔㋳－㋶＋㋷＋㋸〕				

第4章　総与信調査表の作り方と見方

　「推計家計費」については、農業経営統計を参照するのも一つの方法です。「農外収入」、「農外支出」、「年金等の収入」については、当年度の確定申告書や農家日記（農業日誌）などで確認します。

51

6．債務償還年数による債務者区分の判断

　経営収支の目的は、農家組合員債務者自身の借入金をどれくらいの年数（期間）で返済できるか算定することです。しかし、債務償還財源を確認し償還年数を算定できたとしても、その年数だけでは客観的な基準などがない限り債務者区分の判断は難しいものです。そこで、「**債務償還年数**」により債務者区分を判断するための目安となる方法を解説します。

　総合事業体のJAは貸出金（債務者からみて借入金）をはじめとする信用事業債権と購買未収金（債務者からみて購買未払金）の経済事業債権の管理を行っています。

　経済事業債権については経済事業資産等検査基準に則って自己査定を行うこととなっていますが、それぞれの自己査定基準で行っていると煩雑になります。

　農業者の収入は毎月定期的にあるものではなく不安定で、農産物によっては年1回ということも考えられます。そこで、債務償還年数算定の対象に「購買未収金」も加えて、「信用事業債権」と「経済事業債権」の自己査定基準を併せることとします。

【債務償還年数による債務者区分判断の目安】

1．算定式

$$債務償還年数 = \frac{借入金＋購買未払金}{農家組合員債務者自身の債務償還財源（返済財源）}$$

2．債務者区分判断の目安

債務者区分 判断の目安	正常先 （問題なし）	要注意先 （債務償還能力劣る）	破綻懸念先 （債務償還能力 極めて劣る）
農業者の 債務償還年数(例)	～15年	15年～30年	30年～
一般事業会社の 債務償還年数(例)	～10年	10年～20年	20年～

（注）農業者と一般事業会社の債務償還年数が相違する理由は、農業者は自然災害などの気候変動に収益を左右されるリスクが非常に大きいためです。一般事業会社では、今回例示した年数が通説となっています。

設例

【主業農家経営体 甲さんの資産負債と経営収支】

資産負債調

科　目	面積等	○年12月
田	272.6a	2,726
畑	315.6a	5,365
山林・原野	234.7a	469
宅　地	12.5a	2,375
住　宅		5,500
農畜舎		1,990
家　畜		984
貯　金		3,390
共済積立金		2,500
販売未収金		452
その他資産		3,825
資産合計		29,576
借入金 農協プロパー（無担保）		3,878
借入金 JA農業融資		12,500
借入金 基金協会住宅ローン		16,350
借入金 基金協会カーローン		1,250
購買未払金		484
その他負債		396
負債合計		34,858
純資産		▲5,282

経営収支　　　　　　（単位：千円）

区　分	金　額
農業粗収益	15,494
農業経営費	11,085
農業所得	4,409
農外収入	560
農外支出	150
農外所得	410
農家所得	4,819
年金等の収入	1,426
農家総所得	6,245
租税公課諸負担（租税公課）	125
可処分所得	6,120
推計家計費	2,400
農家経済余剰	3,720
▲専従者給与	3,360
貸倒引当金戻入額	50
減価償却費	1,759
家族労働報酬（専従者給与）を除いた**農家組合員債務者自身の債務償還財源（返済財源）**	2,169

（借入金＋購買未払金）÷農家組合員債務者自身の債務償還財源（返済財源）＝
　　　　　　　　　　　　　　　　（33,978千円＋484千円）÷2,169千円≒15.9年

となり、農業者の債務償還年数（例）では「要注意先」との目安になります。

第5章　債務者概況表などの作り方と見方

(▶演習問題は176ページ)

第1節　債務者区分判断の査定記録の作り方

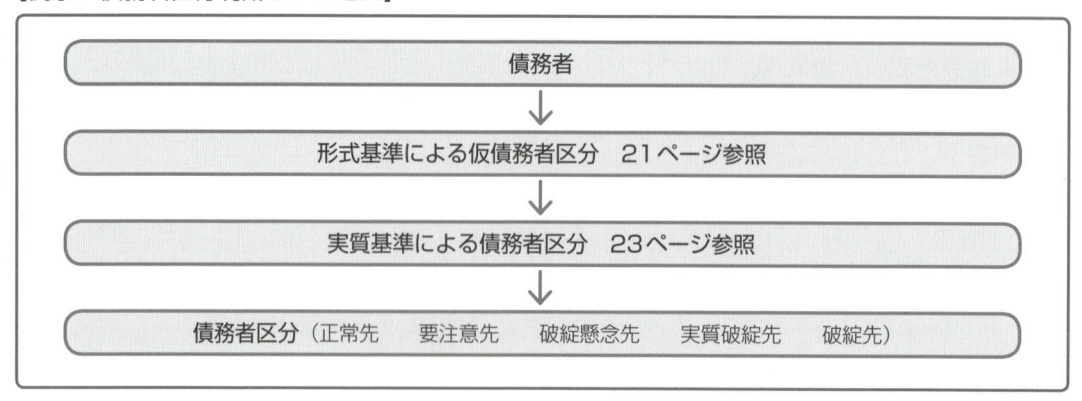

　JA検査提出資料様式例「債務者の概況等」をみると、形式基準による仮債務者区分を記載するスペースがないことから、いきなり債務者区分を判断することとなっています。また、第一次査定、第二次査定、内部監査や自己査定基準日における債務者区分の査定理由を誰が記載したのか責任の所在もわからず、債務者区分判断のプロセスも明確ではありません。

　そこで、自己査定作業時には「債務者区分判断の査定記録」を作成します。それぞれの査定部署や査定者ごとに、形式基準から実質基準を経て、査定理由を記載するまでの債務者区分判断のプロセスを踏むことができます。さらに、JA内での一次査定→二次査定→内部監査のプロセスも明確にすることができます。

　第一次査定部署が支店の場合、「一次査定」の欄には担当者→役席→支店長の順に記載します。第二次査定部署は自己査定管理部門です。内部監査では、例えば前回の行政庁検査で債務者区分が要注意先以下の先、大口貸出先や賃貸住宅ローン先など、当年度の監査方針に従って抽出し、監査室による自己査定監査を実施した証跡として使用します。

　なお、当面の間、自己査定管理部門が支店長との自己査定ヒアリングを実施することと、その席上に内部監査部門を同席させることを推奨します。それは、行政庁検査による資産査定ヒアリングの雰囲気に少しでも慣れさせるために備えることと、自己査定監査に不慣れな内部監査部門の能力水準向上と内部監査を実践させるためです。

【例示：債務者区分判断のプロセス】

```
              債務者
                ↓
  形式基準による仮債務者区分　21ページ参照
                ↓
   実質基準による債務者区分　23ページ参照
                ↓
  債務者区分（正常先　要注意先　破綻懸念先　実質破綻先　破綻先）
```

JA検査提出資料様式例　債務者の概況等　　　　　債務者名：

1	取引の経過等
2	債務者の現況（業況及び財務内容、破綻先であれば、その原因等）
	〔後発事象〕
3	今後の業況等の見通し（赤字、延滞等の解消の見込）
	〔後発事象〕
4	組合等の今後の取引方針（回収であれば、その方法、貸倒の見込額等）
	〔後発事象〕
5	債務者区分の判定・変更理由　　　(2)第２次査定以降において債務者区分を変更 (1)第１次査定における判定理由　　　　した場合、その理由

債務者区分判断の査定記録

支店名	利用者番号	債務者名	営農類型

※　形式基準による仮債務者区分を行い、実質基準で債務者区分を判断します。

部署	査定者		形式基準	実質基準	査定理由	査定者印
	役職	氏名	仮債務者区分	債務者区分		
一次査定	担当者					
	役席					
	支店長					
二次査定						
内部監査						
基準日 自己査定						

支店で記載する「査定理由」は、取引経過・業況および財務内容・今後の取引方針などを簡潔にまとめたうえで、例えば、

『信用・共済・購買の各事業取引は全般的に低調です。債務者本人が高齢と後継者がいないということもあり、農産物の品質は変わらないものの、以前より生産量が目立って減少していることから、借入金返済に見合う農業粗収益は維持できていません。それが原因で貸出金の延滞も常習となっており、購買未収金も含めた与信管理を強化しています。

当面は営農自体も現状維持の見通しができることから、「要注意先」とします。』

と債務者区分判断の理由と債務者区分を記載します。

(注)　1．内部監査では、監査室の方針により抽出した先について記載します。
　　　2．「自己査定基準日」欄には、仮基準日から基準日にかけて、延滞など信用状況が悪化した債務者について、債務者区分を見直す場合に記載します。

第５章　債務者概況表などの作り方と見方

第2節　利用者概要表の作り方

1．記憶より記録！「組合員等利用者　訪問・面談記録票」

「組合員等利用者 訪問・面談記録票」（以下「訪問・面談記録票」といいます）は、自己査定だけではなく信用事業、共済事業、経済（購買・販売）事業や営農指導事業などJAのすべての事業部門において統一して、組合員等利用者との訪問・面談を記録するために作成します。

統一して使用する理由の1つとしては、各事業部門の職員が統一した訪問・面談記録票を使用することで組合員等利用者の情報をデータベースとして共有できることがあります。「利用者情報」の共有は、自己査定をはじめ、その他の事業推進や、組合員等利用者の立場に立ったいろいろなサービスの提供を企画検討するうえで大いに有効なものとなります。もう1つの理由としては、往々にして各事業部門が同様の訪問・面談記録票を職員に作成させることでの無駄を省くことも企図しています。

この訪問・面談記録票は「利用者概要表」を作成するための原情報であることと、債務者区分の判断を行うための定性情報で、かつ疎明資料（エビデンス）にもなることから、自己査定資料に添付しておくこともできます。留意点としては、入力した内容は、その担当者が見直すだけでなく、直属の上司がそれをチェックしたうえで、支店長等もそれを閲覧して部下に指示を与えたり本店に相談するなどして、貴重な利用者情報を有効に活用してください。

　訪問・面談記録票は頭に「組合員等利用者」と付けましたが、それは正組合員、准組合員、貸出金や購買未収金の与信先や純貯金先にかかわらず、作成するようにしたためです。
　正組合員の農家であれば、営農指導担当者が農業経営管理支援のための訪問・面談記録などを、信用事業担当者が貸出金相談や貯金勧誘の訪問・面談記録などをこの訪問・面談記録票に記録します。担当者のみならず、支店（支所）長、本店管理者や経営陣がいつでも閲覧できるようしておけばJA内部の情報交流が活発化することも期待できます。

　訪問・面談内容については、使用目的に合わせて簡潔に記入します。後刻上司などが検証したときに疑問点や不適切な表現があれば、担当者に確認するとか修正させることも可能です。

支店名	利用者番号	利用者名	営農類型	主な農産物

→ 組合員等利用者　訪問・面談記録票

訪問・面談日	平成　年　月　日（　）午前・午後　時　分　天候　晴・曇・雨・（　）			
JA担当者	担当・役職名	氏　名	担当・役職名	氏　名
訪問・面談相手 氏名及び続柄	氏　名	続　柄	氏　名	続　柄
訪問・面談内容				

訪問・面談日	平成　年　月　日（　）午前・午後　時　分　天候　晴・曇・雨・（　）			
JA担当者	担当・役職名	氏　名	担当・役職名	氏　名
訪問・面談相手 氏名及び続柄	氏　名	続　柄	氏　名	続　柄
訪問・面談内容				

第5章　債務者概況表などの作り方と見方

２．総合事業体の利点を活用した利用者情報の活用

(1) 利用者情報の交流や共有の必要性

なぜ、それほどまでに利用者情報の交流や共有にこだわるのでしょうか。

自己査定は、決算書類による定量情報や、農産物の栽培方法など数字には表現できない定性情報の『事実』に基づいて債務者区分を判断するからです。その根拠として疎明する資料や記録が必要ですが、一人のチカラで収集するのは限界があり、多くの関係者からの協力が必要です。仮に、独りよがりで勝手に想像して自己査定を行ったのであれば、デタラメな結果となり、行政庁検査で非常に厳しい指摘を受けるのは必至です。

農林水産省検査部の「農業協同組合検査実施要領例」をみるとわかるように、自己査定は信用事業だけではなく、購買事業（購買未収金）、販売事業（販売未収金）や加工・利用事業〔事業未収金（利用未収金）〕など各事業部門にわたっており、さらに営農指導事業や共済事業はじめ他の事業部門からの協力が必要ということが理解できると思います。

(2) 与信に係る系統金融検査マニュアルのリスクカテゴリー

自己査定は、系統金融検査マニュアルでは「資産査定管理態勢」に属するとともに、決算日（基準日）という一定日の計数に基づいて行うものです。それは、ヒトにたとえるならば１年に１回の健康診断や人間ドックと同じであり、１年間の集大成といっても過言ではありません。だからこそ、１年間の日常における行動が非常に大切なのです。

債務者の農家組合員への与信に関連する系統金融検査マニュアルのリスクカテゴリーを追ってみると、次のようになります。自己査定では、常日頃の事業活動の中身が問われていることがわかります。

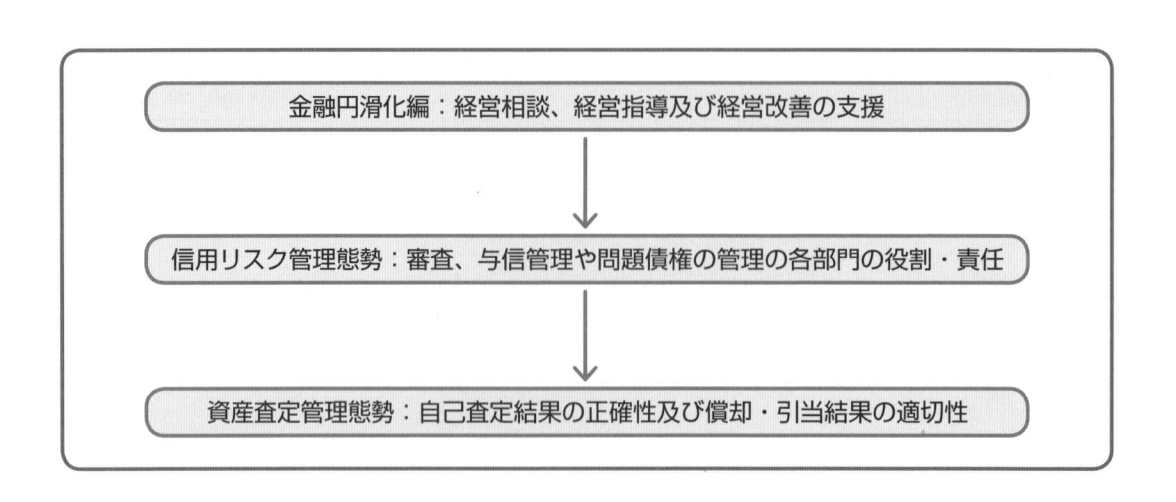

```
金融円滑化編：経営相談、経営指導及び経営改善の支援
          ↓
信用リスク管理態勢：審査、与信管理や問題債権の管理の各部門の役割・責任
          ↓
資産査定管理態勢：自己査定結果の正確性及び償却・引当結果の適切性
```

【これまでのJA】

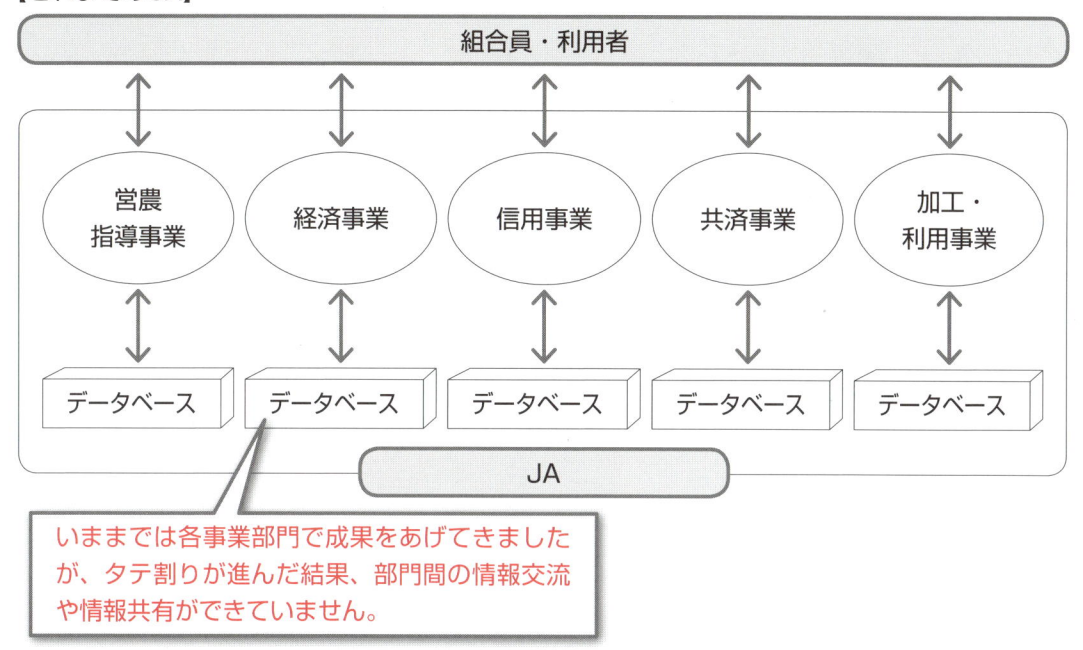

```
                    組合員・利用者
    ┌──────────────────────────────────┐
    │  営農    経済事業  信用事業  共済事業   加工・  │
    │ 指導事業                              利用事業 │
    │                                              │
    │ データベース データベース データベース データベース データベース │
    │                  JA                          │
    └──────────────────────────────────┘
```

> いままでは各事業部門で成果をあげてきましたが、タテ割りが進んだ結果、部門間の情報交流や情報共有ができていません。

【これからのJA】

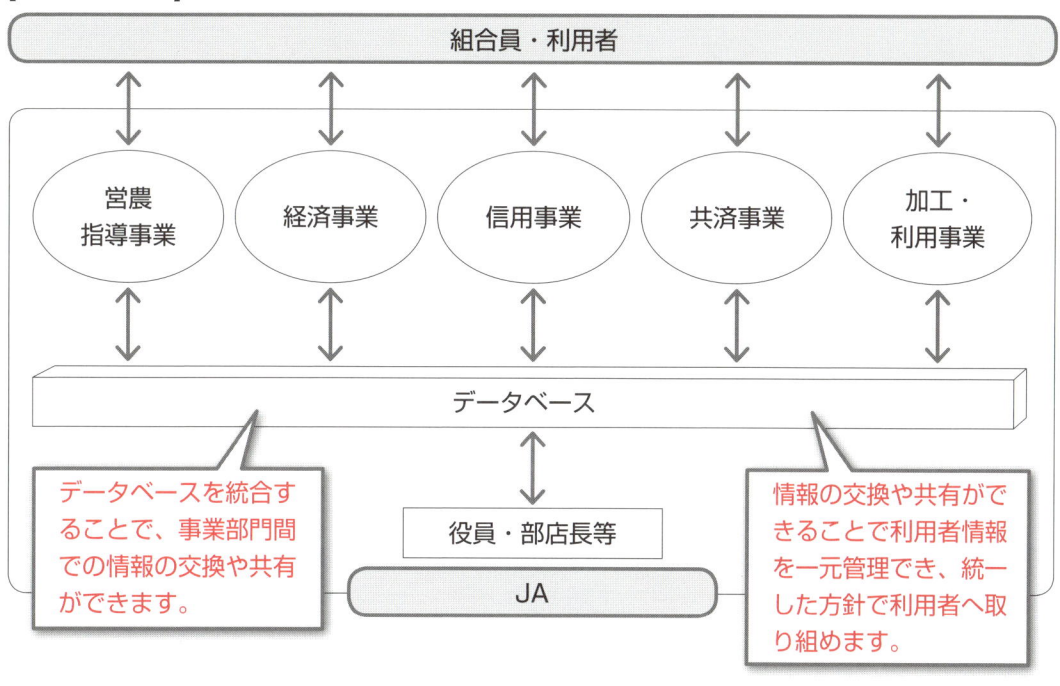

```
                    組合員・利用者
    ┌──────────────────────────────────┐
    │  営農    経済事業  信用事業  共済事業   加工・  │
    │ 指導事業                              利用事業 │
    │                                              │
    │           データベース                         │
    │              ↕                               │
    │           役員・部店長等                        │
    │                  JA                          │
    └──────────────────────────────────┘
```

> データベースを統合することで、事業部門間での情報の交換や共有ができます。

> 情報の交換や共有ができることで利用者情報を一元管理でき、統一した方針で利用者へ取り組めます。

第5章 債務者概況表などの作り方と見方

3.「利用者概要表（兼債務者概況表）」の活用

　「利用者概要表（兼債務者概況表）」（以下「利用者概要表」といいます）は、JA検査提出資料様式例にはない表です。しかし、債務者概況表を兼ねる形式とすることで、自己査定時には農家組合員債務者の債務者概況表として、総与信調査表とともに提出することとなります。

　利用者概要表は、購買未収金や貸出金などの与信がない先に対しても作成しますが、このように債務者概況表を兼ねるものであれば、与信が発生した後、直ちに債務者概況表として使用することができます。系統金融検査マニュアルの冒頭【本マニュアルにより検査を行うに際しての注意事項】にも「資料等の徴求にあたっては、JAの既存資料等の活用に努める」とあるように、自己査定のためだけに「債務者概況表」を作成する必要はありません。

　利用者概要表の活用方法で最も注意すべきことは、JA内部のデータを極力利用することです。利用者概要表や訪問・面談記録票をJAのコンピューターシステムへ構築することにより、日常業務で利用者管理をしながら自己査定作業を効率化することが可能になり、正確な自己査定にもつながります。

　また、利用者概要表も訪問・面談記録票と同じように、一元管理したデータベースで共有し、事業活動に活かすことが重要です。

　支店名、利用者番号、利用者名、生年月日、資格区分、住所、電話番号、取引開始年月日、貯金、共済積立金、販売未収金、借入金や購買未払金は、JAの信用事業、共済事業や経済（購買・販売）事業のシステムを通じて自動的にデータが反映できるようにしましょう。

　営農類型、主な農産物、常時雇用、臨時雇用、家族構成、家族従事者、農業従事日数、経営規模、JAの信用事業、共済事業や経済（購買・販売）事業のシステムデータでは反映できない資産負債、農業粗収入や農業経営費などの経営収支、現況、今後の見通しおよび当JAの今後の取引方針は変動することもあり、信用事業、共済事業、経済（購買・販売）事業や営農指導事業の担当者が訪問・面談記録票を使用して持ち帰った情報をその都度更新することで、その農家組合員債務者の最新データを保持できるようにしてください。

利用者概要表（兼債務者概況表）　平成　年　月　日現在

支店名	利用者番号	利用者名	生年月日	資格区分
			S・H　年　月　日	正組合員

住所	〒 -		TEL	000-000-0000

取引開始年月日	営農類型	主な農産物	常時雇用	臨時雇用
年　月　日			人	人

家族構成・家族従事者・農業従事日数等						経営規模		
氏　名	年齢	続柄	職業	日数		経営土地	面積a	うち借地
						田		
						畑		
						樹園地		
						採草放牧地		
						農畜舎	棟	㎡
						常時飼養家畜　種類	頭、羽	

資産千円	年12月	負債千円	年12月	区　分	年度	区　分	年度
経営土地		借入金		作物収入		農外所得	
農畜舎		〃		畜産収入		農家所得	
宅地・住宅		〃		事業家計消費等		年金等収入	
貯　金		購買未払金		農業雑収入		農家総所得	
共済積立金		その他負債		農業粗収益		推定家計費	
販売未収金		負債合計		農業経営費		▲専従者給与	
資産合計		純資産		農業所得		減価償却費	

現況：

今後の見通し：

当JAの今後の取組方針：

第5章　債務者概況表などの作り方と見方

第3節　不動産担保明細の整備

1．担保評価額の見直し

「系統金融検査マニュアル 資産査定管理態勢の確認検査用チェックリスト 自己査定（別表1）」では、担保評価の見直しを、正常先や要注意先では年1回行うのが望ましく、破綻懸念先、実質破綻先や破綻先は少なくとも年1回必ず行わなければならず、できれば半期に1回行うのが望ましい、となっています。

しかし、自己資本比率規制において、抵当権付住宅ローンに適切に区分されるためには、その住宅ローンが抵当権により完全に保全されていることを疎明しなければなりません。行政庁検査では自己査定の目的が正確な自己資本比率の算出にあるとされているため、行政庁検査においても厳格に検証されます。債務者区分にかかわらず、毎年1回は見直しを行ったほうがよいでしょう。

なお、農地は路線価がない地域が多いことから、固定資産税評価額をもとにした倍率方式による評価が多くなります。担保評価額の見直しは、現地を実地に確認するとともに、権利関係〔所有権、（根）抵当権など〕、法令上の制限（建築基準法、農地法など）や環境条件（土壌汚染、アスベストなど）を調査し、公示価格、基準地価あるいは路線価など自己査定基準日または自己査定仮基準日において判明している直近のデータを利用しなければなりません。

2．不動産担保 「担保評価額（時価）」と「処分可能見込額」の関係

(1) 根抵当権の場合

次の棒グラフは、債務者が実質破綻先以下になった場合の債権額に対しての「担保評価額（時価）」と「処分可能見込額」の関係です。

(A) 担保評価額（時価）＞処分可能見込額＝債権額＞極度額の場合

① 処分可能見込額と債権額および極度額の同額部分は、Ⅱ分類

② 極度額超過部分は、Ⅳ分類

(B) 担保評価額（時価）＞債権額＞処分可能見込額＝極度額の場合

① 処分可能見込額と極度額の同額部分は、Ⅱ分類

② 極度額超過部分は担保評価額（時価）の範囲内ですが、根抵当権効力の範囲外ということで、Ⅳ分類

(C) 債権額＞担保評価額（時価）＞極度額＞処分可能見込額の場合

① 処分可能見込額と極度額の同額部分は、Ⅱ分類

② 極度額から処分可能見込額を差し引いた部分は、Ⅲ分類

③ 債権額から極度額を差し引いた部分は、担保評価額（時価）の範囲内かつ根抵当権効力の範囲外と担保評価額（時価）超過部分ということで、Ⅳ分類

(D) 極度額＞債権額＞担保評価額（時価）＞処分可能見込額の場合

① 処分可能見込額と極度額の同額部分は、Ⅱ分類
② 担保評価額（時価）から処分可能見込額を差し引いた部分は、Ⅲ分類
③ 担保評価額（時価）超過部分は、Ⅳ分類

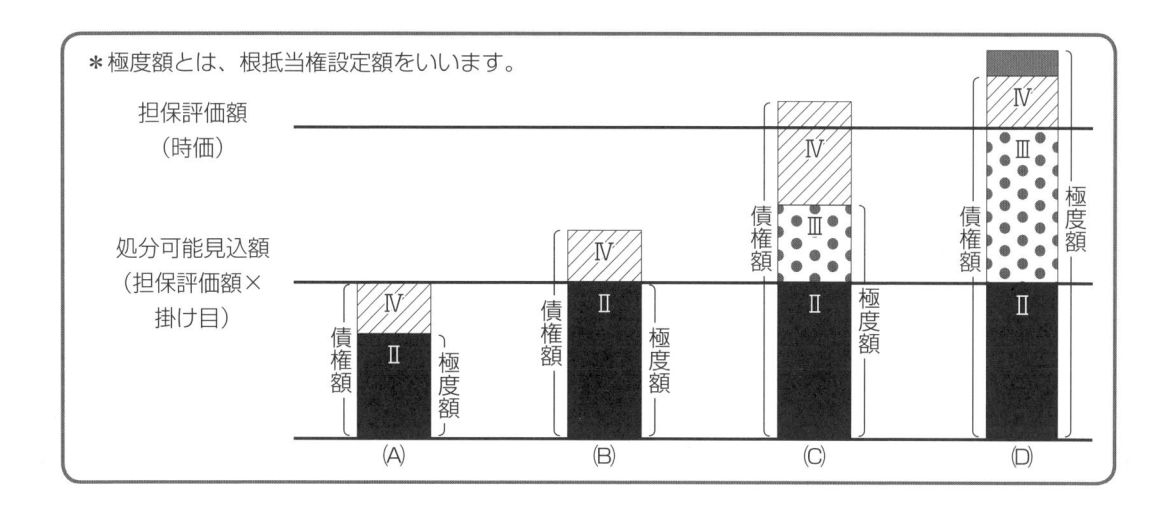

＊極度額とは、根抵当権設定額をいいます。

(2) 抵当権の場合

債務者が実質破綻先以下になった場合の「債権額」と「担保評価額（時価）」と「処分可能見込額」の関係は次の棒グラフのとおりです。債権額と処分可能見込額の同額部分はⅡ分類、債権額から処分可能見込額を差し引いた金額は担保評価額（時価）の範囲内であればⅢ分類、担保評価額（時価）を超える部分はⅣ分類となります。

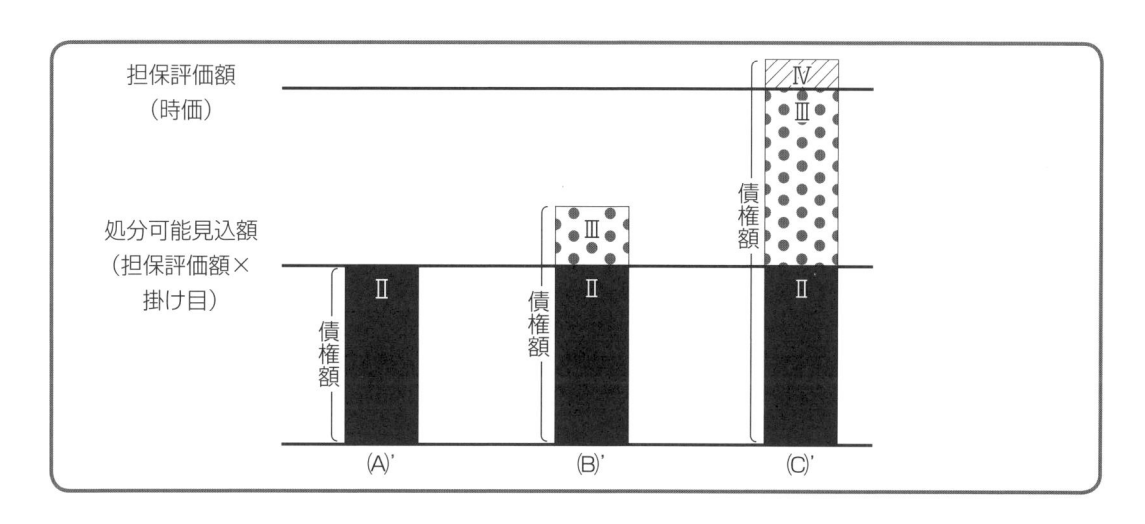

第4節　自己査定ワークシートの作り方と見方

1．自己査定ワークシートの定義と注意点

「自己査定ワークシート」とは、第3章 第1節「1．支店等における自己査定の手順」で図示した『第1ステップ 「債務者区分」→第2ステップ 「分類資産」→第3ステップ 「担保・保証による調整」→第4ステップ 「分類の算定」→第5ステップ 「分類の集計」』の流れに沿って、債務者区分を要注意先以下とした場合に分類額を算出する作業のための専用様式です。

「自己査定ワークシート」の特徴は、総与信調査表とは違って、その債務者区分に応じた「分類の集計」までのプロセス（経過）が一覧でわかることです。

債務者区分が「正常先」の場合には、当該債務者に対する貸出金等は、無担保債権であっても原則としてすべてⅠ分類（非分類）となるので、「自己査定ワークシート」を作成する必要はありません。

> 「総与信額」欄は、ここでは貸出金、購買未収金や未収利息等だけしか記載していませんが、例えば、信用事業債権の内訳として割引手形、手形貸付、証書貸付、当座貸越、債務保証見返、未収利息、貸出金に準ずる仮払金や、経済事業債権の内訳として購買未収金や受取手形などに細分化しても構いません。それは他の優良担保、優良保証や一般担保などの各欄も同様です。

> 有価証券を担保とする優良担保については、国債は担保評価額（時価）の95％以下や上場株式は担保評価額（時価）の70％以下など、銘柄に応じて掛け目を乗じて処分可能見込額を算出するものとします。また、優良保証の場合には保証機関や保証の種類に応じて、保証履行の範囲が100％ではないものがあるので注意してください。

> 一般担保では、「処分可能見込額＝担保評価額（時価）×掛け目－先順位債権額」とします。先順位債権が根抵当権の場合は、極度額（根抵当権設定額）となります。先順位債権が抵当権の場合は、残債が確認できればその金額、不明の場合は設定額となります。

> 注意点としては、債務者区分を「破綻懸念先」以下とした場合には「総与信額」欄の未収利息を不計上とします。
> そして、分類対象外債権欄の出資金には、JAで出資者の脱退または除名による出資金の返戻額により債権の回収を予定している、ということでその出資金相当額を計上します。予定ですから、総代会の議決を待たずとも計上しておくべきです。その理由は、当該出資金の返戻額による回収が確実と見込まれる債権だからです。

「自己査定ワークシート」の定義と注意点の説明だけでは、ピンと来ないと思いますので、債務者区分ごとに計数を入れて説明します。

自己査定ワークシート

（金額単位：千円、％）

支店名	利用者番号	債務者名	今回債務者区分	前回債務者区分

1．分類対象債権の算出（共通）

①－（②＋③＋④）

※A≦0の場合、全額Ⅰ分類（非分類）、2．以下は計算省略。

[　　　] A

(1) 総与信額

	貸出金	購買未収金	未収利息等		小　計　①
総与信額					

(2) 優良担保、優良保証、分類対象外債権等

優良担保 担保による調整	貯金・定積	小　計　②	優良保証 保証による調整	基金協会	小　計　③

分類対象外債権	短時回収確定分	出資金	小　計　④		
					B

2．一般担保（破綻懸念先、実質破綻先、破綻先が該当）

種　類	担保評価額（時価）	掛け目	先順位債権額	処分可能見込額
合　計	C		D	E

3．要注意先の分類額の算出〔Ⅰ分類（非分類）、Ⅱ分類の算出〕

Ⅰ分類		B	Ⅱ分類		A

4．破綻懸念先の分類額の算出（Ⅰ分類、Ⅱ分類、Ⅲ分類の算出）

Ⅰ分類（B）	Ⅱ分類（E）	Ⅲ分類（A－E）

5．実質破綻先、破綻先の分類額の算出（Ⅰ分類、Ⅱ分類、Ⅲ分類、Ⅳ分類の算出）

Ⅰ分類（B）		Ⅱ分類（E）	
Ⅲ分類〔C－(D＋E)〕		Ⅳ分類〔A－(Ⅱ＋Ⅲ)〕	

2．要注意先の自己査定ワークシート

「要注意先」の留意点としては、未収利息のなかに農業信用基金協会保証付ローンに係るものもありますが、原則として分類対象債権としてください。

設例

JAから主業農家の甲さんへの貸出金、購買未収金および保全状況や、甲さんからのJAへの出資金は、下記のとおりです。

1．総与信　　　　　　　　　　　　　　　　　　　　　　　　　　　（単位：千円）

勘定科目	与信残高	融資制度名	担保・保証
証書貸付	3,878	JAプロパー	無担保
証書貸付	12,500	JA農業融資	根抵当権
証書貸付	16,350	住宅ローン	農業信用基金協会保証付
証書貸付	1,250	マイカーローン	農業信用基金協会保証付
購買未収金	484		
未収利息	71		
合　計	34,533		

2．保全状況　　　　　　　　　　　　　　　　　　　　　　　　　　（単位：千円）

担保評価額（時価）	掛け目	処分可能見込額	備　考
30,000	70%	21,000	土地建物・共同担保

（根）抵当権	極度額等	担保権順位	融資制度
根抵当権（極度額）	15,000	2番	
抵当権（債権額）	16,350	1番	住宅ローン

3．JAへの出資金

　　　100千円

自己査定ワークシート

(金額単位：千円、％)

支店名	利用者番号	債務者名	今回債務者区分	前回債務者区分
		甲	要注意先	

1．分類対象債権の算出（共通）

①－（②＋③＋④）
※A≦0の場合、全額Ⅰ分類（非分類）、2．以下は計算省略。

16,933　A

(1) 総与信額

	貸出金	購買未収金	未収利息等		小　計　①
総与信額	33,978	484	71		34,533

(2) 優良担保、優良保証、分類対象外債権等

優良担保 担保による調整	貯金・定積	小　計　②	優良保証 保証による調整	基金協会	小　計　③
				17,600	17,600
分類対象 外債権	短時回収確定分	出資金	小　計　④		
					17,600　B

2．一般担保（破綻懸念先、実質破綻先、破綻先が該当）

種　類	担保評価額(時価)	掛け目	先順位債権額	処分可能見込額
合　計	C		D	E

3．要注意先の分類額の算出〔Ⅰ分類（非分類）、Ⅱ分類の算出〕

Ⅰ分類	17,600　B	Ⅱ分類	16,933　A

4．破綻懸念先の分類額の算出（Ⅰ分類、Ⅱ分類、Ⅲ分類の算出）

Ⅰ分類（B）		Ⅱ分類（E）		Ⅲ分類（A－E）	

5．実質破綻先、破綻先の分類額の算出（Ⅰ分類、Ⅱ分類、Ⅲ分類、Ⅳ分類の算出）

Ⅰ分類（B）		Ⅱ分類（E）	
Ⅲ分類〔C－(D＋E)〕		Ⅳ分類〔A－(Ⅱ＋Ⅲ)〕	

3．破綻懸念先の自己査定ワークシート

「破綻懸念先」の留意点としては、①未収利息は資産不計上、②出資金の返戻金で回収が見込まれる額を分類対象外債権に充当、③一般担保は、JAが担保権を1番、2番とも設定していますが、1番の抵当権は農業信用基金協会が優先していることから、その住宅ローン残高を充当した後の処分可能見込額を根抵当権の処分可能見込額とします。

設例

JAから主業農家の甲さんへの貸出金、購買未収金および保全状況や、甲さんからのJAへの出資金は、下記のとおりです。

1．総与信 （単位：千円）

勘定科目	与信残高	融資制度名	担保・保証
証書貸付	3,878	JAプロパー	無担保
証書貸付	12,500	JA農業融資	根抵当権
証書貸付	16,350	住宅ローン	農業信用基金協会保証付
証書貸付	1,250	マイカーローン	農業信用基金協会保証付
購買未収金	484		
未収利息	71		
合　計	34,533		

2．保全状況 （単位：千円）

担保評価額（時価）	掛け目	処分可能見込額	備　考
30,000	70%	21,000	土地建物・共同担保

（根）抵当権	極度額等	担保権順位	融資制度
根抵当権（極度額）	15,000	2番	
抵当権（債権額）	16,350	1番	住宅ローン

3．JAへの出資金
　　　100千円

自己査定ワークシート

(金額単位：千円、％)

支店名	利用者番号	債務者名	今回債務者区分	前回債務者区分
		甲	破綻懸念先	

1．分類対象債権の算出（共通）

①－（②＋③＋④）
※A≦0の場合、全額Ⅰ分類（非分類）、2．以下は計算省略。

16,762　A

(1) 総与信額

	貸出金	購買未収金	未収利息等		小　計　①
総与信額	33,978	484			34,462

(2) 優良担保、優良保証、分類対象外債権等

優良担保 担保による調整	貯金・定積	小　計　②	優良保証 保証による調整	基金協会	小　計　③
				17,600	17,600

分類対象 外債権	短時回収確定分	出資金	小　計　④		
		100	100		17,700　B

2．一般担保（破綻懸念先、実質破綻先、破綻先が該当）

種　類	担保評価額(時価)	掛け目	先順位債権額	処分可能見込額
土地・建物	30,000	70	16,350	4,650
合　計　C	30,000	D	16,350	E　4,650

3．要注意先の分類額の算出〔Ⅰ分類（非分類）、Ⅱ分類の算出〕

Ⅰ分類		B	Ⅱ分類		A

4．破綻懸念先の分類額の算出（Ⅰ分類、Ⅱ分類、Ⅲ分類の算出）

Ⅰ分類(B)	17,700	Ⅱ分類(E)	4,650	Ⅲ分類(A－E)	12,112

5．実質破綻先、破綻先の分類額の算出（Ⅰ分類、Ⅱ分類、Ⅲ分類、Ⅳ分類の算出）

Ⅰ分類（B）		Ⅱ分類（E）	
Ⅲ分類〔C－(D＋E)〕		Ⅳ分類〔A－(Ⅱ＋Ⅲ)〕	

第5章　債務者概況表などの作り方と見方

4．実質破綻先・破綻先の自己査定ワークシート

「実質破綻先」と「破綻先」との違いは、法的に破たんしているかどうかです。

「実質破綻先」、「破綻先」の留意点としては破綻懸念先と同じく、①未収利息は資産不計上、②出資金の返戻金で回収が見込まれる額を分類対象外債権に充当、③一般担保は、JAが担保権を1番、2番とも設定していますが、1番の抵当権は農業信用基金協会が優先していることから、その住宅ローン残高を充当した後の処分可能見込額を根抵当権の処分可能見込額とします。さらに④担保評価額（時価）と処分可能見込額との差額分が回収不確実分となりⅢ分類となります。

設例

JAから主業農家の甲さんへの貸出金、購買未収金および保全状況や、甲さんからのJAへの出資金は、下記のとおりです。

1．総与信　　　　　　　　　　　　　　　　　　　　　　　　（単位：千円）

勘定科目	与信残高	融資制度名	担保・保証
証書貸付	3,878	JAプロパー	無担保
証書貸付	12,500	JA農業融資	根抵当権
証書貸付	16,350	住宅ローン	農業信用基金協会保証付
証書貸付	1,250	マイカーローン	農業信用基金協会保証付
購買未収金	484		
未収利息	71		
合　計	34,533		

2．保全状況　　　　　　　　　　　　　　　　　　　　　　　（単位：千円）

担保評価額(時価)	掛け目	処分可能見込額	備　考
30,000	70%	21,000	土地建物・共同担保

（根）抵当権	極度額等	担保権順位	融資制度
根抵当権（極度額）	15,000	2番	
抵当権（債権額）	16,350	1番	住宅ローン

3．JAへの出資金
　　　　　100千円

自己査定ワークシート

(金額単位：千円、％)

支店名	利用者番号	債務者名	今回債務者区分	前回債務者区分
		甲	実質破綻先	

1．分類対象債権の算出（共通）

①－（②＋③＋④）
※A≦0の場合、全額Ⅰ分類（非分類）、2．以下は計算省略。

| 16,762 | A |

(1) 総与信額

	貸出金	購買未収金	未収利息等	小　計　①
総与信額	33,978	484		34,462

(2) 優良担保、優良保証、分類対象外債権等

優良担保 担保による調整	貯金・定積	小　計　②	優良保証 保証による調整	基金協会	小　計　③
				17,600	17,600

分類対象 外債権	短時回収確定分	出資金	小　計　④		
		100	100	17,700	B

2．一般担保（破綻懸念先、実質破綻先、破綻先が該当）

種　類	担保評価額（時価）	掛け目	先順位債権額	処分可能見込額
土地・建物	30,000	70	16,350	4,650
合　計　C	30,000	D	16,350	E　4,650

3．要注意先の分類額の算出〔Ⅰ分類（非分類）、Ⅱ分類の算出〕

| Ⅰ分類 | | B | Ⅱ分類 | | A |

4．破綻懸念先の分類額の算出（Ⅰ分類、Ⅱ分類、Ⅲ分類の算出）

| Ⅰ分類（B） | | Ⅱ分類（E） | | Ⅲ分類（A－E） | |

5．実質破綻先、破綻先の分類額の算出（Ⅰ分類、Ⅱ分類、Ⅲ分類、Ⅳ分類の算出）

Ⅰ分類（B）	17,700	Ⅱ分類（E）	4,650
Ⅲ分類〔C－(D+E)〕	9,000	Ⅳ分類〔A－(Ⅱ+Ⅲ)〕	3,112

第6章　農業者の経営実態に係る把握の仕方

(▶演習問題は181ページ)

第1節　系統金融検査マニュアル別冊の積極的活用

1．いままでとこれからの農家経営管理

　系統金融検査マニュアル別冊の正式名称は、「**系統金融検査マニュアル別冊〔農林漁業者・中小企業融資編〕**」です。少し長いので、これからは「マニュアル別冊」と呼称します。

　実は本編の系統金融検査マニュアル以上に浸透していないのが、この「マニュアル別冊」です。

　浸透していない理由としては、次の図の「いままでは、家族経営が主体」にある「農家経済余剰」といわれるように、「経営と家計が未分離」でいわゆる一家で稼ぐような状態が長らく続いていたことから、さほどマニュアル別冊を気にしなくてもよかったのかもしれません。

　しかし、図の「これからは、農業経営管理」のとおり、経営と家計を分離させることで、いわゆるどんぶり勘定から脱皮し、農業に係る経営収支を客観的な目線で視ることが求められます。これが進展しますと、家族といえども別々の人格であることから、農業経営者や事業専従者を問わずそれぞれの者が自分の資産負債に関心を持つに至ると思われます。そこで、法人経営並みの発想で、農業所得が振るわないと専従者給与にも響いてくることから、利害関係人の事業専従者にも応分の貢献を求めるということで、「マニュアル別冊」を積極的に活用する場面が増えてきます。

　マニュアル別冊は、「系統金融検査マニュアル　資産査定管理態勢の確認検査用チェックリスト　自己査定（別表1）(3)債務者区分」の「自己査定結果の正確性の検証」において、検証ポイントを次のとおり掲載し、それらを踏まえたうえで債務者区分を判断するよう定めています。

　「1．代表者等との一体性」、「2．農林漁業者及び企業等の技術力、販売力、経営者の資質やこれを踏まえた成長性」、「3．経営改善計画」、「4．貸出条件及びその履行状況」、「5．貸出条件緩和債権」、「6．企業・事業再生の取組みと要管理先に対する引当」および「7．資本的劣後ローンの取扱い」が掲げられていますが、本書では「1．代表者等との一体性」、「2．農林漁業者及び企業等の技術力、販売力、経営者の資質やこれを踏まえた成長性」を主に取り上げます。

【いままでとこれからの農家経営管理】

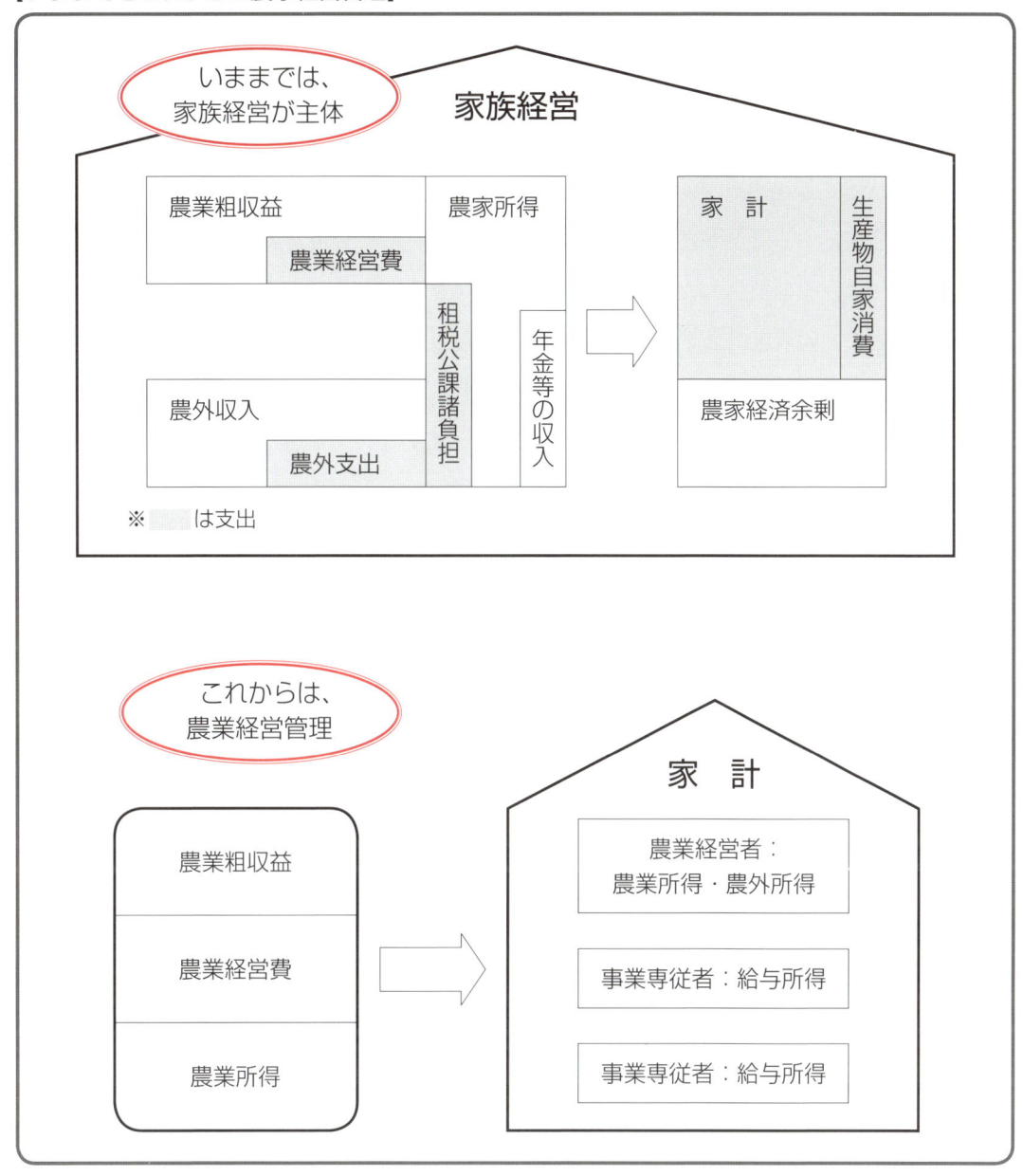

いままでは、家族経営が主体

家族経営

農業粗収益	農家所得			家　計	生産物自家消費
農業経営費					
	租税公課諸負担	年金等の収入	→		
農外収入				農家経済余剰	
農外支出					

※ ■ は支出

これからは、農業経営管理

| 農業粗収益 |
| 農業経営費 |
| 農業所得 |

→

家　計

| 農業経営者：農業所得・農外所得 |
| 事業専従者：給与所得 |
| 事業専従者：給与所得 |

第6章　農業者の経営実態に係る把握の仕方

2．一番多く活用される「代表者との一体性」

(1)　「代表者との一体性」とは

　特に中小・零細の法人企業は、法人でありながら代表者等と企業間の経理や資産所有が明確に分離されていない事例が少なくありません。例えば、法人から代表者等へ多額の貸付金があり、かつ長期にわたって返済されていない場合、回収確実性が乏しいあるいは回収不可能と断定し、不良資産と自己査定することが多々あります。それが災いして貸借対照表の純資産がマイナスの債務超過となれば、その解消のため、代表者等の個人資産を加味（合体）することとなります。

　このような法人と代表者等との関係性を「法人個人の一体性」といいます。マニュアル別冊では「代表者等との一体性」といい、農林漁業者や中小・零細の法人企業を査定する場合には、これを踏まえて債務者区分の判断を行うことが求められています。農業者の場合の代表者等とは、農家組合員債務者を"法人成り"と見做すと、配偶者などの同居家族や、別居の家族でも事業専従者の子などのことをいいます。

(2)　実態修正シートの作り方

　農家組合員債務者が厳しい経営環境下に置かれたときには、「代表者等との一体性」を検証するために、『「実態修正後の正味純資産」算出シート』と『「実態修正後の期間収支（債務償還財源）」算出シート』の2つの実態修正シートを作成します。

　「実態修正後の正味純資産」算出シートは、農家組合員債務者の純資産に、代表者等の正味純資産を加味し、一体後の正味純資産を算出します。また、「実態修正後の期間収支（債務償還財源）」算出シートは、農家組合員債務者の期間収支に代表者等の期間収支を加味し、一体後の正味期間収支を算出します。

　これらから債務超過解消年数や債務償還年数を算定し、債務者区分の判断を行うにあたっては、44ページと52ページの目安を参考にしてください。

　作成にあたっての留意点としては、代表者等との一体性を行う場合の家族の資産負債や収支状況については、「疎明資料等」や「支援意思確認」（支援者が保証人の場合は不要）において、業務日誌や確認記録書で疎明できるようにしましょう。

　農業は特に企業条件の影響を受けやすいものです。したがって、一時的な収益悪化により赤字となっても、表面上の苦境から農家組合員債務者を評価するのではなく、蓄積された資産背景などに基づいて「**農業経営実態**」を十分把握するよう、マニュアル別冊では求められています。実態修正シートにより資産負債状況（財政状態ともいいます）や経営収支状況（経営成績ともいいます）の実態を把握し、債務者区分判断に誤りがないようにすることが非常に大切です。

「実態修正後の正味純資産」算出シート

支店名	利用者番号	農家組合員債務者名	決算書類の貸借対照表
		甲	作成済 ・ (未作成)

(単位：千円)

農家組合員債務者の「純資産」

区 分	資 産	負 債	年／12月 差引（純資産）
経 営	21,851	17,258	4,593
家 計	7,725	17,600	▲9,875
合 計	29,576	34,858	A ▲5,282

家族等の資産負債状況

氏 名（関 係）	乙（甲の妻）	丙（甲の長男）		年／12月 合 計
当JA貯金	9,000	500		9,500
共済積立金	1,200	600		1,800
不動産				
資産合計	10,200	1,100		11,300
当JA貸出金		2,400		2,400
他金融機関借入金				
負債合計		2,400		2,400
正味純資産	10,200	▲1,300		B 8,900
疎明資料等	貯金明細 共済明細	貯金・共済明細 返済履歴明細		
支援意思確認（保証人不要）	年 月 日 業務日誌確認	○年○月○日 業務日誌確認	年 月 日 業務日誌確認	

農家組合員債務者、家族等の一体後の正味純資産（A＋B）	3,618

債務超過解消年数算定 （A＋B）＝マイナス時に算定	（A＋B）／正味期間収支（C＋D）	
		年

> 代表者等の個人的な借入金（例えば、住宅ローンなど）やその経営している会社以外の第三者への保証債務などの負債を差し引いた「正味純資産」を加味します。

> 農家組合員債務者の「純資産」および次ページの実態修正シートの農家組合員債務者の「収支」は、総与信調査表から作成します。ここでは、45ページの甲さんの設例に基づいています。

「実態修正後の期間収支（債務償還財源）」算出シート

支店名	利用者番号	農家組合員債務者名	営農類型
		甲	

農家組合員債務者の「収支」		年／12月 収支
農家組合員債務者自身の債務償還財源（返済財源）	C	2,169

<table>
<tr><td rowspan="11">家族等の収支状況</td><td>氏　名
（関　係）</td><td>乙
（甲の妻）</td><td>丙
（甲の長男）</td><td></td><td colspan="2">年／12月
収支</td></tr>
<tr><td>専従者給与</td><td>960</td><td>2,400</td><td></td><td colspan="2">3,360</td></tr>
<tr><td></td><td></td><td></td><td></td><td colspan="2"></td></tr>
<tr><td>収入合計</td><td>960</td><td>2,400</td><td></td><td colspan="2">3,360</td></tr>
<tr><td>当JA年間借入返済額</td><td></td><td>600</td><td></td><td colspan="2">600</td></tr>
<tr><td>他金融機関年間借入返済額</td><td></td><td></td><td></td><td colspan="2"></td></tr>
<tr><td>年間借入返済額合計</td><td></td><td>600</td><td></td><td colspan="2">600</td></tr>
<tr><td>収支差額</td><td>960</td><td>1,800</td><td></td><td colspan="2">2,760</td></tr>
<tr><td>生計費</td><td colspan="3"></td><td colspan="2">1,800</td></tr>
<tr><td>家族期間収支</td><td colspan="3"></td><td>D</td><td>960</td></tr>
<tr><td>疎明資料等</td><td>専従者給与内訳</td><td>専従者給与内訳
返済履歴明細</td><td></td><td colspan="2"></td></tr>
<tr><td>支援意思確認
（保証人不要）</td><td>年　月　日
業務日誌確認</td><td>○年○月○日
業務日誌確認</td><td>年　月　日
業務日誌確認</td><td colspan="2"></td></tr>
</table>

農家組合員債務者、家族等の一体後の正味期間収支（C＋D）	3,129
農家組合員債務者の借入金と購買未払金の合計（E）	34,462
債務償還年数算定：E／（C＋D）	11.0　年

　加味する家族の年間返済額合計を減じておくことを忘れないようにしましょう。それは残りの家族等による期間収支をすべて債務償還財源に充てなければならないためです。

　家族等の資産負債状況や収支状況は、自JAに係るものは取引明細や返済履歴明細を照会し、他の金融機関に係るものは預金証書や返済予定表の写しを徴求します。
　「実態修正後の期間収支」算出シートの「専従者給与」は、青色申告決算書の「専従者給与の内訳」に記載されている支給額合計欄の収入金額を確認します。
　これらは、疎明資料とするためコピーしておきましょう。

3．約定返済履歴の取引実績による「経営者の資質」の判断

マニュアル別冊の「経営者の資質」に記載されている項目は、次のとおりです。

① 過去の約定返済履歴等の取引実績
② 経営者の経営改善に対する取組み姿勢
③ 財務諸表など計算書類の質の向上への取組み状況
④ ISO等の資格取得状況
⑤ 人材育成への取組み姿勢
⑥ 後継者の存在

そのなかでも「① 過去の約定返済履歴等の取引実績」（返済日が休日の場合は翌営業日となります）は客観的に判断でき、しかも過去2年ほどの返済履歴明細を疎明資料として揃えておくだけで容易に説明できます。

他の項目の取組み姿勢の評価や後継者の存在などは、強調しようとしても主観的な判断に陥りがちで、逆に過去の約定返済が延滞気味であった途端にその主張を取りやめざるを得なくなるということもあります。

証書貸付約定返済履歴明細

支店名	利用者番号	債務者名	証貸取扱番号
当初貸付日	当初貸付金額	返済回数	最終返済期日
H○年○月○○日	15,000,000	120回	H○年○月15日
返済方法	現在残高	貸付金利	変動金利方式
毎月元金均等返済	12,500,000	年2.50%	単位：

返済日	返済元利額	元　金	利　息	元金残高
'12年10月15日	156,250	125,000	31,250	14,875,000
'12年11月15日	155,989	125,000	30,989	14,750,000
'12年12月17日	155,729	125,000	30,729	14,625,000
'13年01月15日	155,468	125,000	30,468	14,500,000
'13年02月15日	155,208	125,000	30,208	14,375,000
'13年03月15日	154,947	125,000	29,947	14,250,000
'13年04月15日	154,687	125,000	29,687	14,125,000
'13年05月15日	154,427	125,000	29,427	14,000,000
'13年06月17日	154,166	125,000	29,166	13,875,000
'13年07月16日	153,906	125,000	28,906	13,750,000
'13年08月15日	153,645	125,000	28,645	13,625,000
'13年09月17日	153,385	125,000	28,385	13,500,000
'13年10月15日	153,125	125,000	28,125	13,375,000
'13年11月15日	152,864	125,000	27,864	13,250,000
'13年12月16日	152,604	125,000	27,604	13,125,000
'14年01月15日	152,343	125,000	27,343	13,000,000
'14年02月17日	152,083	125,000	27,083	12,875,000
'14年03月17日	151,822	125,000	26,822	12,750,000
'14年04月15日	151,562	125,000	26,562	12,625,000
'14年05月15日	151,302	125,000	26,302	12,500,000

第2節　農家組合員の営農類型の把握

1．農業関連用語

「農業関連用語」は、『農林水産省統計情報の「農林業センサスの概要」の用語の解説』をもとに作成したものです。JAではすでに知られていることかもしれませんが、行政庁検査官と目線を同じくするために、いわゆる"共通言語"として知っておくことで、双方向の議論が噛み合い、活発になされるものと期待できます。

農業関連用語	解　説
農業経営体	次のうち、①、②または③のいずれかに該当する事業を行う者 ①経営耕地面積が30アール以上の規模の農業 ②農作物の作付面積または栽培面積、家畜の飼養頭羽数または出荷羽数、その他事業の規模が所定の外形基準以上の規模の農業 ③農作業の受託の事業
農　家	経営耕地面積が10アール以上の農業を行う世帯または過去1年間における農産物販売金額が15万円以上の規模の農業を行う世帯
販売農家	経営耕地面積が30アール以上または1年間における農産物販売金額が50万円以上の農家
自給的農家	経営耕地面積が30アール未満かつ1年間における農産物販売金額が50万円未満の農家
主業農家	農業所得が主（農家所得の50％以上が農業所得）で1年間に60日以上自営農業に従事している65歳未満の世帯員がいる農家
準主業農家	農外所得が主（農業所得の50％未満が農業所得）で1年間に60日以上自営農業に従事している65歳未満の世帯員がいる農家
副業的農家	1年間に60日以上自営農業に従事している65歳未満の世帯員がいない農家（主業農家、準主業農家以外の農家）
専業農家	世帯員の中に兼業従事者が1人もいない農家
兼業農家	世帯員の中に兼業従事者が1人以上いる農家
第1種兼業農家	農業所得を主とする兼業農家
第2種兼業農家	農業所得を従とする兼業農家
単一経営農家	農産物販売金額のうち主位部門の販売金額が8割以上の農家
複合経営農家	農産物販売金額のうち主位部門の販売金額が6割未満の農家

農業関連用語	解　説
準単一複合経営農家	農産物販売金額のうち主位部門の販売金額が6割以上8割未満の農家
農家以外の農業事業体	農家以外で農業を営む事業体であって、経営耕地面積が10アール以上の農業を行うものまたは1年間の農産物販売金額が15万円以上あるもの
一世帯複数経営	同一の世帯内で複数の者がそれぞれ独立した経営管理または収支決算のもとに、農業経営を行い、農業経営体の規定のいずれかに該当する事業を行う経営
農業生産法人	次の要件を満たす法人 ①法人の形態は、農事組合法人、合名会社、合資会社、合同会社、株式会社のいずれかであること ②事業について、農業およびこれに関連する事業であること ③構成員（出資者）については、農地の権利を提供した個人や法人の事業に常時従事する者等農業関係者が中心に組織されていること ④業務執行役員については、その過半数が法人の事業に常時従事し、かつ、農作業に従事する構成員であること
任意組合	生産組合、農事実行組合等、主に農家等によって構成されている事業体で、法人格を有しないもの。JAの下部組織の「部会」なども含む。
基幹的農業従事者	農業に主として従事した世帯員のうち、1年間にふだん仕事として主に自営農業に従事した者
農業専従者	1年間に自営農業に150日以上従事した者
農業経営者	その世帯の農業経営に責任を持つ者
経営耕地	農業経営体が経営している耕地 経営耕地＝所有耕地－貸付耕地－耕作放棄地＋借入耕地

2．営農類型と分類基準

「営農類型と分類基準」は農林水産省大臣官房統計部が『農業経営統計調査「営農類型別経営統計（個別経営）」』において、農業生産物を販売することを目的とした農業経営体（個別経営）の営農類型別の経営実態を明らかにし、農政の資料を整備することを目的として使用するものです。例えば、農家組合員等債務者が営んでいる農業を経営管理面から分析しようとした場合には、この農業経営統計調査が営農類型別、地域別、規模別や経営形態別など多くのデータを提供しているということで、大いに役立ちます。

恐らく、行政庁検査官もそれと似たような手法で、事前にそれぞれのJAの特産品をもとに概況を十分把握してから、資産査定ヒアリングに臨むと想定されます。

したがって、直接ヒアリングされる支店長等は、経済事業や営農指導事業を経験していないからわかりません、では通じません。常日頃から支店エリア内の農家組合員債務者の営農状況をつぶさに観察しておかなければなりません。

営農類型の種類と分類基準は次のとおりです。

営農類型の種類	分類基準
水田作経営	稲、麦類、雑穀、豆類、いも類、工芸農作物の販売収入のうち、水田で作付けした農業生産物の販売収入が他の営農類型の農業生産物販売収入と比べて最も多い経営
畑作経営	稲、麦類、雑穀、豆類、いも類、工芸農作物の販売収入のうち、畑で作付けした農業生産物の販売収入が他の営農類型の農業生産物販売収入と比べて最も多い経営
野菜作経営	野菜の販売収入が他の営農類型の農業生産物販売収入と比べて最も多い経営
・露地野菜作経営	・野菜作経営のうち、露地野菜の販売収入が施設野菜の販売収入以上である経営
・施設野菜作経営	・野菜作経営のうち、露地野菜より施設野菜の販売収入が多い経営
果樹作経営	果樹の販売収入が他の営農類型の農業生産物販売収入と比べて最も多い経営
花き作経営	花きの販売収入が他の営農類型の農業生産物販売収入と比べて最も多い経営
・露地花き作経営	・花き作経営のうち、露地花きの販売収入が施設花きの販売収入以上である経営
・施設花き作経営	・花き作経営のうち、露地花きより施設花きの販売収入が多い経営
酪農経営	酪農の販売収入が他の営農類型の農業生産物販売収入と比べて最も多い経営
肉用牛経営	肉用牛の販売収入が他の営農類型の農業生産物販売収入と比べて最も多い経営
・繁殖牛経営	・肉用牛経営のうち、肥育牛の飼養頭数より繁殖用雌牛の飼養頭数が多い経営
・肥育牛経営	・肉用牛経営のうち、肥育牛の飼養頭数が繁殖用雌牛の飼養頭数以上である経営
養豚経営	養豚の販売収入が他の営農類型の農業生産物販売収入と比べて最も多い経営
採卵養鶏経営	採卵養鶏の販売収入が他の営農類型の農業生産物販売収入と比べて最も多い経営
ブロイラー養鶏経営	ブロイラー養鶏の販売収入が他の営農類型の農業生産物販売収入と比べて最も多い経営

3. 農業者の技術力の把握方法

　農業者の技術力を把握するためには、「農学基礎セミナーシリーズ」（一般社団法人農山漁村文化協会）に掲載の「10種類の営農類型の栽培・飼育方法」や農林水産省の「個別経営の営農類型別経営統計」を、自JAの農家組合員の栽培や飼育方法と比較するのも一つの方法です。

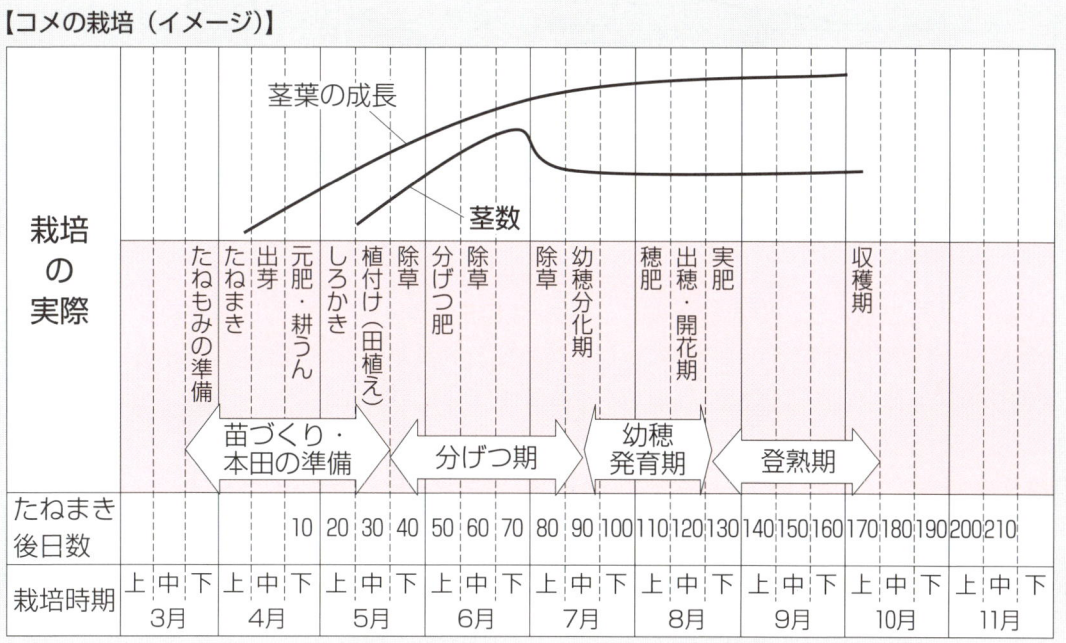

【コメの栽培（イメージ）】

（出典）一般社団法人 農山漁村文化協会「農学基礎セミナー 新版 農業の基礎」をもとに作成

【水田作経営の農業経営収支（1経営体当たり）】

（単位：千円）

区　分	全　国	北海道	都府県
農業粗収益	2,569	14,844	2,347
うち稲作収入	1,670	8,396	1,549
うち共済・補助金等受取金	419	4,065	354
農業経営費	1,945	9,748	1,802
うち肥料	185	1,076	169
農業所得	624	5,096	545
水田作作付延べ面積（a）	156.5	916.5	143.1
自営農業労働時間（時間）	882	2,581	854

（出典）農林水産省大臣官房統計部「農業経営統計調査〔平成24年〕個別経営の営農類型別経営統計（経営収支）」

【コムギの栽培（イメージ）】

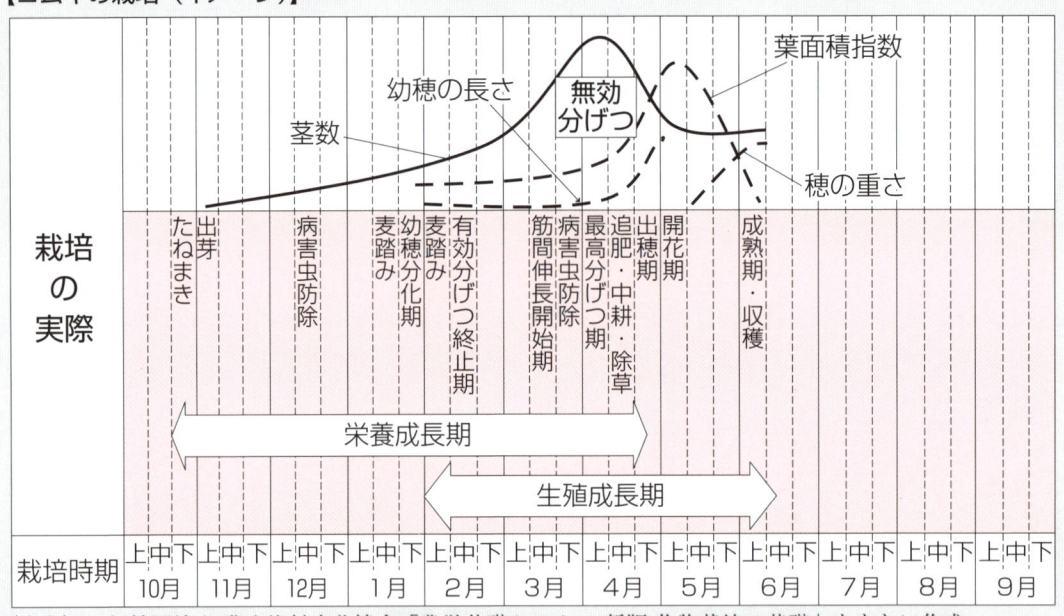

栽培の実際：栽培時期（上中下）
- 10月：出芽、たねまき
- 11月：病害虫防除
- 12月：麦踏み
- 1月：幼穂分化期、麦踏み
- 2月：有効分げつ終止期
- 3月：筋間伸長開始期、病害虫防除
- 4月：最高分げつ期、追肥・中耕・除草
- 5月：出穂期、開花期
- 6月：成熟期・収穫
- 7～9月：—

曲線：茎数、幼穂の長さ、無効分げつ、葉面積指数、穂の重さ
栄養成長期／生殖成長期

（出典）一般社団法人 農山漁村文化協会「農学基礎セミナー 新版 作物栽培の基礎」をもとに作成

【畑作経営の農業経営収支（1経営体当たり）】

（単位：千円）

区　分	北海道	九　州
農業粗収益	29,514	5,169
うち麦類収入	19,148	4,636
うち共済・補助金等受取金	9,729	299
農業経営費	20,832	3,717
うち肥料	3,747	533
農業所得	8,682	1,452
畑作作付延べ面積（a）	2406.6	178.7
自営農業労働時間（時間）	3,868	2,533

（出典）農林水産省大臣官房統計部「農業経営統計調査〔平成24年〕個別経営の営農類型別経営統計（経営収支）」

【トマトの栽培（イメージ）】

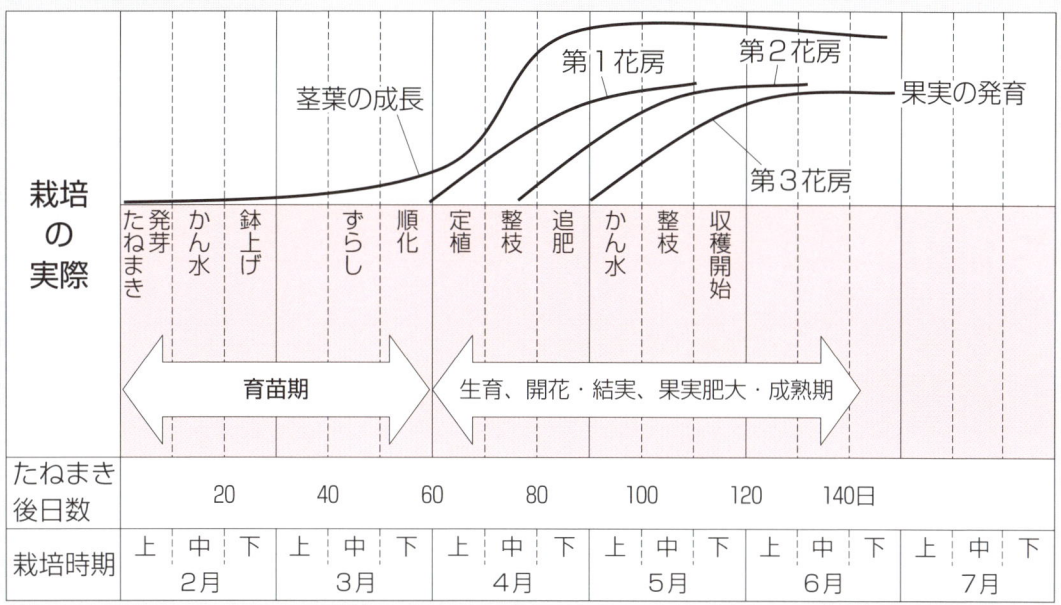

栽培の実際：
- 茎葉の成長 → 第1花房 → 第2花房 → 果実の発育
- 第3花房

工程：発芽・たねまき → かん水 → 鉢上げ → ずらし → 順化 → 定植 → 整枝 → 追肥 → かん水 → 整枝 → 収穫開始

育苗期 ← → 生育、開花・結実、果実肥大・成熟期

| たねまき後日数 | 20 | 40 | 60 | 80 | 100 | 120 | 140日 |

栽培時期：2月（上中下）／3月（上中下）／4月（上中下）／5月（上中下）／6月（上中下）／7月（上中下）

（出典）一般社団法人 農山漁村文化協会「農学基礎セミナー 新版 野菜栽培の基礎」をもとに作成

【野菜作経営の農業経営収支（全国・1経営体当たり）】

（単位：千円）

区　分	露地野菜作	施設野菜作
農業粗収益	5,190	11,247
うち野菜収入	3,823	8,843
農業経営費	3,291	6,810
うち肥料	375	528
農業所得	1,899	4,437
作付延べ面積	91.8a	4,254㎡
自営農業労働時間（時間）	3,091	5,248

（出典）農林水産省大臣官房統計部「農業経営統計調査〔平成24年〕個別経営の営農類型別経営統計（経営収支）」

第6章　農業者の経営実態に係る把握の仕方

【リンゴの栽培（イメージ）】

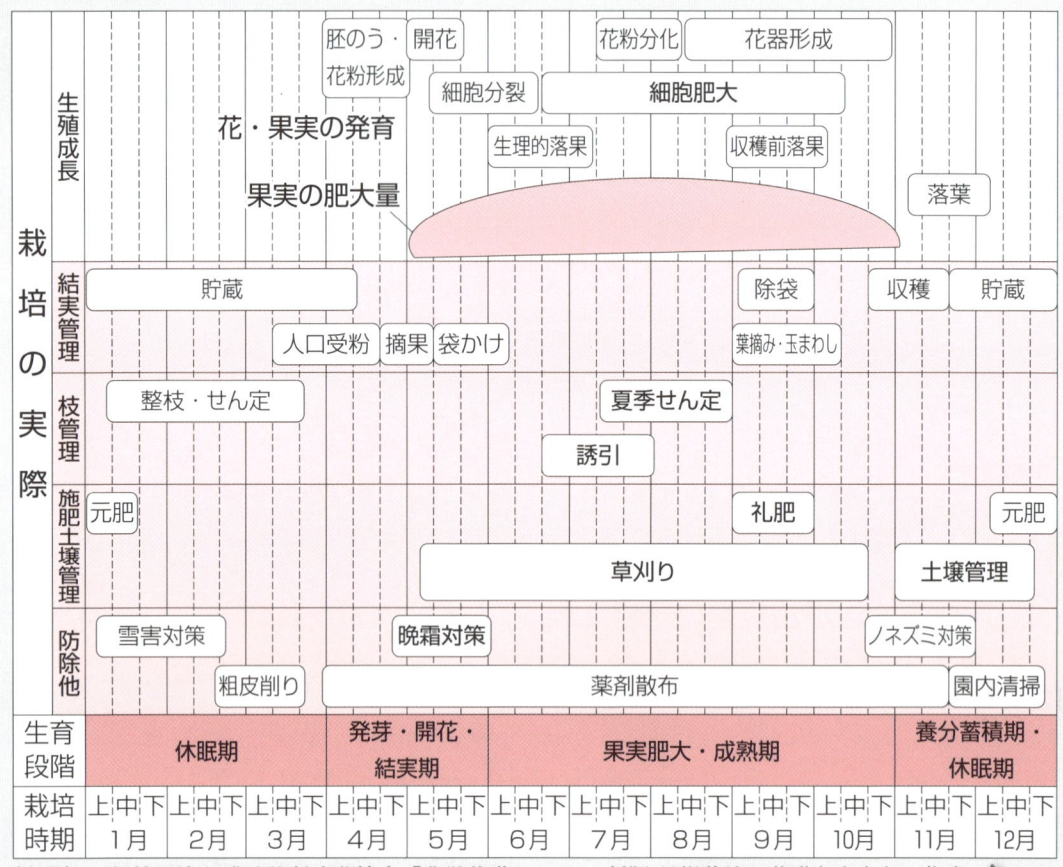

栽培の実際		1月	2月	3月	4月	5月	6月	7月	8月	9月	10月	11月	12月
生殖成長	花・果実の発育／果実の肥大量				胚のう・花粉形成／開花	細胞分裂／生理的落果		花粉分化／細胞肥大／収穫前落葉				落葉	
結実管理		貯蔵			人口受粉／摘果／袋かけ				除袋／葉摘み・玉まわし		収穫	貯蔵	
枝管理			整枝・せん定					夏季せん定／誘引					
施肥土壌管理			元肥				草刈り			礼肥		元肥／土壌管理	
防除他		雪害対策／粗皮削り			晩霜対策／薬剤散布							ノネズミ対策／園内清掃	
生育段階		休眠期			発芽・開花・結実期		果実肥大・成熟期					養分蓄積期・休眠期	

（出典）一般社団法人 農山漁村文化協会「農学基礎セミナー 新版 果樹栽培の基礎」をもとに作成

> リンゴは幼木期から花をつけ結実する年齢（樹齢）となる若木期の結果開始年齢まで5～6年かかり、果実がなる成木期（成果期）が15～40年であることを認識しておく必要があります。また、自然災害で生育できないという気候変動リスクがあるということも理解しておく必要があります。

【果樹作経営の農業経営収支（全国・1経営体当たり）】

（単位：千円）

区　分	果樹作
農業粗収益	5,584
うち果樹収入	4,772
農業経営費	3,607
うち肥料	254
農業所得	1,977
作付延べ面積（a）	97.5
自営農業労働時間（時間）	3,125

（出典）農林水産省大臣官房統計部「農業経営統計調査〔平成24年〕個別経営の営農類型別経営統計（経営収支）」

【シクラメンの栽培（イメージ）】

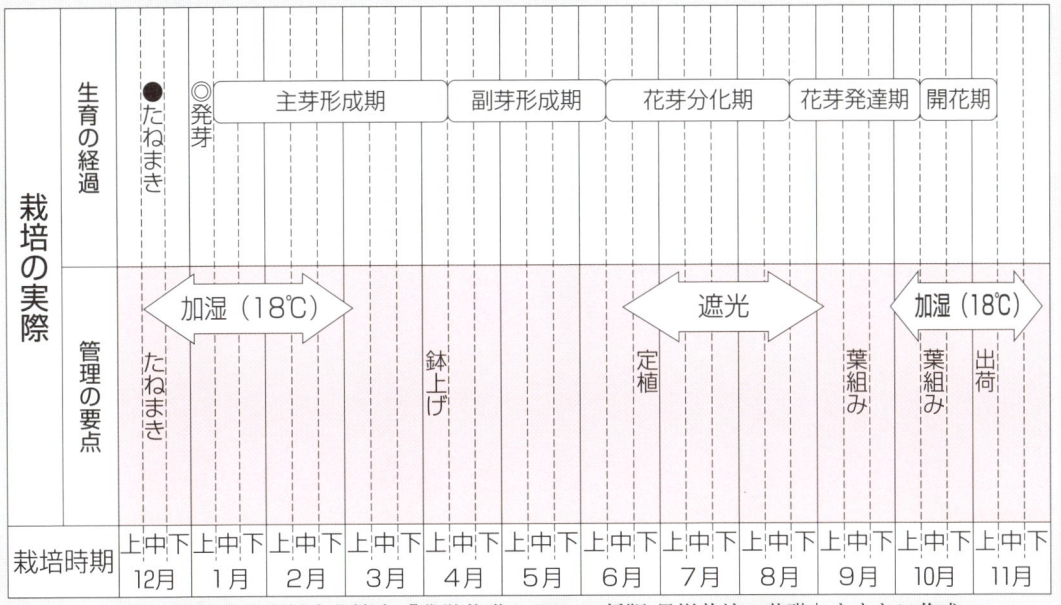

栽培の実際	生育の経過	●たねまき ◎発芽	主芽形成期	副芽形成期	花芽分化期	花芽発達期	開花期
	管理の要点	たねまき ←加湿(18℃)→ 鉢上げ		定植 ←遮光→		葉組み	葉組み 出荷 ←加湿(18℃)→

栽培時期	12月	1月	2月	3月	4月	5月	6月	7月	8月	9月	10月	11月
	上中下	上中下	上中下	上中下	上中下	上中下	上中下	上中下	上中下	上中下	上中下	上中下

（出典）一般社団法人 農山漁村文化協会「農学基礎セミナー 新版 果樹栽培の基礎」をもとに作成

【花き作経営の農業経営収支（全国・1経営体当たり）】

(単位：千円)

区　分	露地花き作	施設花き作
農業粗収益	6,240	13,743
うち花き収入	5,282	12,355
農業経営費	4,347	10,327
うち肥料	330	477
農業所得	1,893	3,416
作付延べ面積	78.2a	4,232㎡
自営農業労働時間（時間）	3,762	6,708

（出典）農林水産省大臣官房統計部「農業経営統計調査〔平成24年〕個別経営の営農類型別経営統計（経営収支）」

【乳牛の飼育（イメージ）】

飼育の実際											
						搾乳牛	泌乳期	乾乳期	泌乳期		泌乳ピーク（3～4産）
								乾乳 2.3ヵ月	経産牛1頭当たり年間乳量 7,900kg		
	出産	離乳（3～4ヵ月）		初回交配		分べん（初産）	交配		分べん（2産）	交配	平均供用年数 6～7年（4産）

飼育期間	子牛	育成牛			成牛				
	0　6ヵ月	12ヵ月	18ヵ月	24ヵ月	30ヵ月	36ヵ月	42ヵ月	48ヵ月	
体重	40kg　170kg			540kg		610kg			680kg

（出典）一般社団法人 農山漁村文化協会「農学基礎セミナー 新版 家畜飼育の基礎」をもとに作成

【酪農経営の農業経営収支（全国・1経営体当たり）】

（単位：千円）

区　分	酪　農
農業粗収益	44,184
農業経営費	37,539
うち飼料	16,039
農業所得	6,645
飼養頭数	42.8
販売数量	363,301kg
自営農業労働時間（時間）	6,173

（出典）農林水産省大臣官房統計部「農業経営統計調査〔平成24年〕個別経営の営農類型別経営統計（経営収支）」

【肥育牛の飼育（イメージ）】

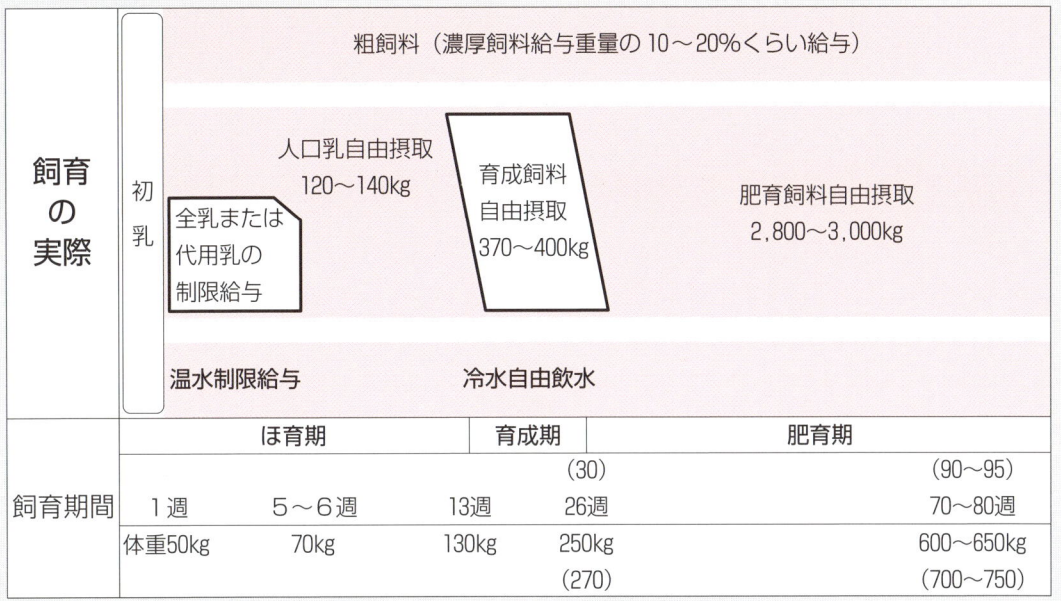

飼育の実際	初乳					
		粗飼料（濃厚飼料給与重量の10〜20%くらい給与）				
		人口乳自由摂取 120〜140kg	育成飼料自由摂取 370〜400kg	肥育飼料自由摂取 2,800〜3,000kg		
		全乳または代用乳の制限給与				
		温水制限給与	冷水自由飲水			

	ほ育期			育成期		肥育期	
飼育期間	1週	5〜6週	13週	26週	(30)	70〜80週	(90〜95)
	体重50kg	70kg	130kg	250kg	(270)	600〜650kg	(700〜750)

（出典）一般社団法人 農山漁村文化協会「農学基礎セミナー 新版 家畜飼育の基礎」をもとに作成

【肉用牛経営の農業経営収支（全国・1経営体当たり）】

（単位：千円）

区　分	繁殖牛	肥育牛
農業粗収益	7,591	54,789
農業経営費	6,190	43,735
うち飼料	1,524	17,024
農業所得	1,401	11,054
飼養頭数	13.6	101.7
販売頭数	11	68
自営農業労働時間（時間）	2,929	3,688

（出典）農林水産省大臣官房統計部「農業経営統計調査〔平成24年〕個別経営の営農類型別経営統計（経営収支）」

【肉ブタの飼育（イメージ）】

飼育の実際	子豚期				肉豚期	
	新生期	ほ育期	離乳期		前期	後期
	出生	離乳				初発情／肉豚出荷
目標体重		7 kg		35 kg	60 kg	105 kg
日齢（日）	7	30		90	130	180

（出典）一般社団法人 農山漁村文化協会「農学基礎セミナー 新版 家畜飼育の基礎」をもとに作成

【養豚経営の農業経営収支（全国・1経営体当たり）】

（単位：千円）

区　分	養　豚
農業粗収益	55,796
農業経営費	52,513
うち飼料	34,770
農業所得	3,283
飼養頭数	947.2
販売頭数	1,723
自営農業労働時間（時間）	5,499

（出典）農林水産省大臣官房統計部「農業経営統計調査〔平成24年〕個別経営の営農類型別経営統計（経営収支）」

【採卵鶏の飼育（イメージ）】

飼育の実際						
			（産卵率50％） （卵重49g）	（産卵率94％） （卵重60g）	（年平均産卵率80～83％） （産卵率65～70％） （卵重67g）	
	産卵 ふ化 (21日) 初生びな			産卵 開始	産卵 ピーク	
体　重	40g	300g　700g	1,600g	1,800g		1,900g
日齢（日）	2日	30日　60日　90日	120日　150日	180日　210日　240日		550日
飼育期間	ふ化期間	幼びな／中びな	大びな	成　鶏		

（出典）一般社団法人 農山漁村文化協会「農学基礎セミナー 新版 家畜飼育の基礎」をもとに作成

【採卵養鶏経営の農業経営収支（全国・1経営体当たり）】

（単位：千円）

区　分	採卵養鶏
農業粗収益	43,198
農業経営費	42,000
うち飼料	27,592
農業所得	1,198
飼養羽数	13,993
販売数量	228,874kg
自営農業労働時間（時間）	6,807

（出典）農林水産省大臣官房統計部「農業経営統計調査〔平成24年〕個別経営の営農類型別経営統計（経営収支）」

【ブロイラー養鶏経営（イメージ）】

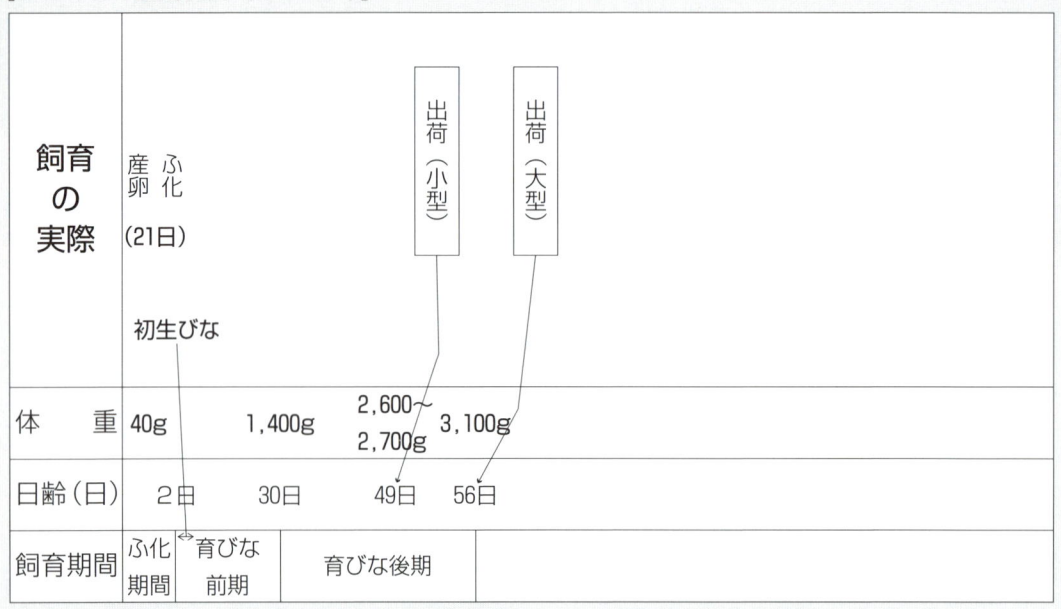

飼育の実際	産卵 ふ化 (21日) 　　初生びな		出荷（小型）	出荷（大型）	
体　重	40g	1,400g	2,600～2,700g	3,100g	
日齢（日）	2日	30日	49日	56日	
飼育期間	ふ化期間	育びな前期	育びな後期		

（出典）一般社団法人 農山漁村文化協会「農学基礎セミナー 新版 家畜飼育の基礎」をもとに作成

【ブロイラー養鶏経営の農業経営収支（全国・1経営体当たり）】

(単位：千円)

区　分	ブロイラー養鶏
農業粗収益	98,828
農業経営費	93,764
うち飼料	60,524
農業所得	5,054
飼養羽数	把握していない
販売羽数	210,329
自営農業労働時間（時間）	4,750

（出典）農林水産省大臣官房統計部「農業経営統計調査〔平成24年〕個別経営の営農類型別経営統計（経営収支）」

第3節　営農指導事業や経済事業との部門連携

　マニュアル別冊では債務者区分判断を行うにあたって、農業者の技術力や販売力などの定性情報も加味することになっています。

　まずは「販売力」についてですが、これは元々JAが販売先開拓や有利販売を行うものであり、JAが従来以上に営業努力をしないと、農家組合員が直接販売に取り組むようになったらJAの存在価値がなくなってしまいます。

　「技術力」を高めるためには、JAの総合事業体としての強みを活かし、各事業部門が連携して取り組むことが必要です。各事業部門が情報を共有し、農家組合員が本当に必要とするサービスを提供すること、また、訪問を効率的に行い農家組合員を煩わせないことで、農家組合員が栽培や飼育に専念し、品質の良い農作物を生産できるようになるのです。そして、卓越した技術力で生産した農産物やJAの営業努力によって、販売量が増えたり、新しい販路が開拓できたりすることで、その結果農家組合員の農業所得が向上するならば、それは技術力が貢献したことになり、自己査定でも評価できることとなります。

　したがって、農家組合員債務者の技術力を自己査定で適切に評価するためには、信用事業部門だけでは把握が不十分です。営農指導事業、購買事業や販売事業など各部門からの協力を仰ぐかあるいは連携して、マニュアル別冊の主旨に則って行いましょう。

【各事業部門の農家組合員とのかかわり】

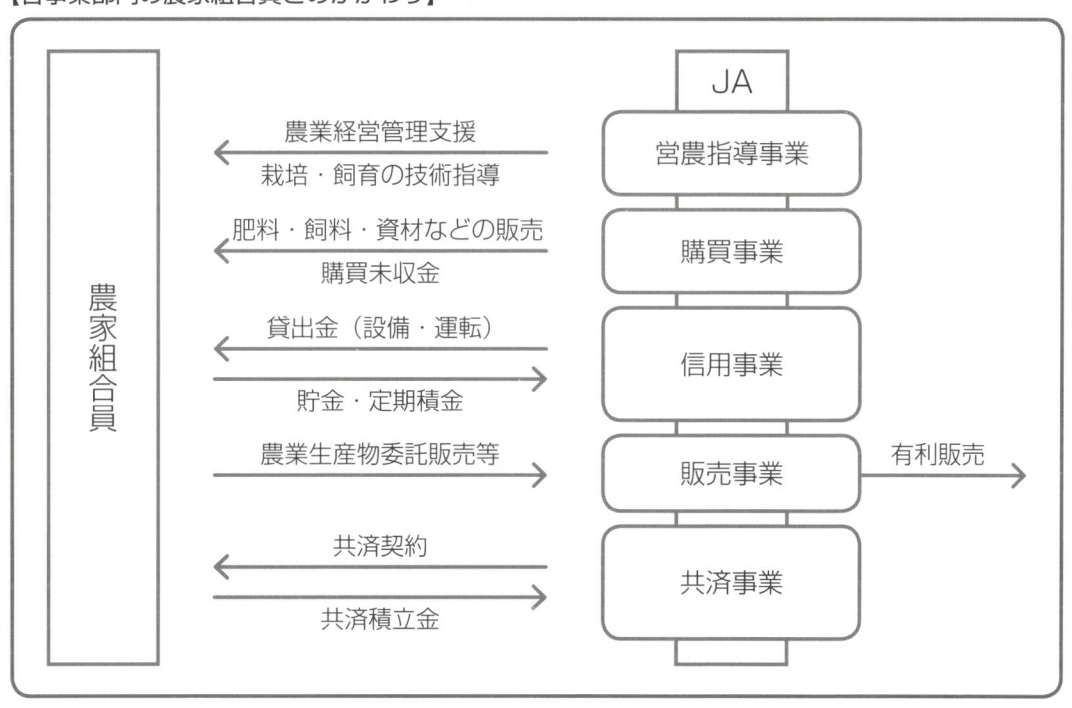

農家組合員	← 農業経営管理支援／栽培・飼育の技術指導	営農指導事業	JA
	← 肥料・飼料・資材などの販売／→ 購買未収金	購買事業	
	← 貸出金（設備・運転）／→ 貯金・定期積金	信用事業	
	→ 農業生産物委託販売等	販売事業	→ 有利販売
	← 共済契約／→ 共済積立金	共済事業	

第7章　賃貸住宅ローンのリスク管理

(▶演習問題は186ページ)

第1節　賃貸住宅ローンの特徴

1．貸出金に占める賃貸住宅ローンの大きな比重

　JAの平成24年度賃貸住宅ローン新規貸出額は、4,469件の3,254億27百万円でした。業態別では地銀、信金に次いで3番目です。また、JAの賃貸住宅ローンに係る貸出金残高は、66,335件の3兆5,327億77百万円でした。業態別では信金を超えて3番目ですが、トップの地銀と比べて件数および貸出金残高とも2倍の差があります。

　さらには、平成24年度末でJAバンクの貸出金残高に占める賃貸住宅ローンの割合を試算しますと、16.4％と大きな比重を占めました。

　このようにみると、JAの賃貸住宅ローンはJA貸出金残高に占める割合が比較的高いこともあり、今後3者要請検査などにおいても「検査重点事項」として変わりはないものと想定されます。

　また、賃貸住宅ローンの利用者自身が正組合員の農家かつ資産家で、大口貸出先の債務者でもあることから、信用リスク面においても十分な管理が行き届いていなければなりません。つまり、いつ行政庁検査が入ってもよいように、支店長等管理者は債務者である賃貸住宅ローン利用者のことを明確に回答できるよう準備態勢を整えておかなければなりません。

【賃貸住宅ローンの新規貸出額】
（全業態合計（推移））

	平成21年度	平成22年度	平成23年度	平成24年度
件数（件）	30,141	28,506	33,276	34,480
金額（百万円）	1,950,011	1,772,635	2,121,377	2,227,171

（業態別（平成24年度））

	都銀等	地銀	JA	第二地銀	信金	その他
件数（件）	2,511	15,104	4,469	3,866	5,546	2,984
金額（百万円）	187,053	969,851	325,427	194,933	356,046	193,861

【賃貸住宅ローンの貸出金残高】
（全業態合計（推移））

	平成21年度末	平成22年度末	平成23年度末	平成24年度末
件数（件）	450,978	381,210	433,041	385,935
金額（百万円）	25,089,824	22,256,183	23,599,454	21,953,775

（業態別（平成24年度末））

	都銀等	地　銀	JA	第二地銀	信　金	その他
件数（件）	54,167	135,726	66,335	33,384	61,508	34,815
金額（百万円）	5,102,458	7,085,106	3,532,777	1,520,005	3,115,944	1,597,485

（出典）国土交通省住宅局「平成25年度民間住宅ローンの実態に関する調査結果報告書」をもとに作成

【JA貸出金残高（平成24年度末）】

		貸出金残高（億円）	貸出金残高に占める割合
JA貸出金残高		215,641	―
	うちJAバンクローン	85,814	39.8%
	うち住宅ローン	72,311	33.5%
うち賃貸住宅ローン		35,328	16.4%

（出典）上記【賃貸住宅ローンの貸出金残高】をもとに作成

2．賃貸住宅ローンの性質

　次の【例示：ローン一覧】は、ホームページ上で各JAが取り扱っているローン紹介の一部を示したものです。その○内をみると、賃貸住宅ローンを「**事業資金**」として取り扱っていることがわかります。

　JAのなかには土地および建物に対して、原則として第1順位の（根）抵当権を設定しプロパーでの賃貸住宅ローンに取り組むところもあれば、併せて農業信用基金協会や農協信用保証センターの信用保証を付けて取り組むところもあります。「農業信用基金協会」や「農協信用保証センター」では、賃貸住宅ローンを『農業以外の**事業資金**』として債務保証の対象資金としています。

　賃貸住宅ローンは住宅ローンという名が付いていますが、あくまで「**事業資金**」であることを改めて認識しましょう。

【例示：ローン一覧】

資金区分	ローンの種類	資金使途
農業資金	農業者ローン	農業を営むために必要な資金
住宅資金	住宅ローン	住宅の新築、購入（マンション、中古住宅を含む）や住宅用土地取得などに必要な資金
生活資金	マイカーローン	自動車の購入、修理や車検などに必要な資金
事業資金	賃貸住宅ローン	賃貸住宅の新築、取得、増改築などに必要な資金

第2節　賃貸住宅ローンそのもののリスク管理

1．将来の人口動向

　賃貸住宅ローンの取扱いにあたっては、自JA内の人口動向に十分配慮しなければなりません。

　次の表からわかるとおり、2014年から2045年の30年余りで人口は2,473万人余減少することが推計されており、特に「生産年齢人口」とよばれる15～64歳までの人口が2,427万人余減少し、65歳以上の構成割合が11.6ポイント上昇し37.7％になると想定されています。

　また、平成25年には空き家が820万戸ありましたが、そのうち429万戸が賃貸用住宅で、空き家全体の52.4％を占めていました（出典：総務省「平成25年住宅・土地統計調査」）。

　このように人口減少時代の若年者層減少と高齢者層増加、あるいは住宅供給過剰状況下においては、自JA事業区域内での「今後のまちづくりの方向性を定めるものである行政の中長期的な総合計画」などにも配慮し、将来の賃貸住宅経営にどのような影響があるのかを洞察できる「目利き」能力を高めていかなければなりません。

【将来の人口動向】

年次	人口（千人）総数	0～14歳	15～64歳	65歳以上	割合（%）0～14歳	15～64歳	65歳以上
2014年	126,949	16,067	77,803	33,080	12.7	61.3	26.1
2020年	124,100	14,568	73,408	36,124	11.7	59.2	29.1
2025年	120,659	13,240	70,845	36,573	11.0	58.7	30.3
2030年	116,618	12,039	67,730	36,849	10.3	58.1	31.6
2035年	112,124	11,287	63,430	37,407	10.1	56.6	33.4
2040年	107,276	10,732	57,866	38,678	10.0	53.9	36.1
2045年	102,210	10,116	53,531	38,564	9.9	52.4	37.7

（出典）国立社会保障・人口問題研究所「日本の将来推計人口（平成24年1月）」をもとに作成

2．賃貸住宅ローンに関わる入居者需要の見方

(1) 賃貸住宅需要原理

　賃貸住宅需要は流行や一過性で増減するのではなく、その地を自らの住まいとして利用しようとする社会基盤があることが根底にあります。

　その地を自らの住まいとして利用しようとする人たちが大勢いるかいないかでその地域の規模が定まり、それに関連して賃貸住宅の収容能力も決まってきます。

　収容能力を決める要素は、次の4つです。

① むかしからの歴史ある地域
② 会社や工場などが多数存在し、人が住むことができる要素が揃っている
③ 学校や研究所などが存在し、人が住むことができる要素が揃っている
④ 大都市の衛星都市的位置にあり、ベッドタウンとしての魅力的な要素を持っている

(2) 新築賃貸住宅の建設可能戸数を求める算定式

　賃貸住宅の必要戸数が突然発生するのはきわめて稀で、新規の供給必要戸数は、「過去からのその地にある既存賃貸住宅の滅失・淘汰数に近似」します。

> 新築賃貸住宅の建設適正戸数／年
> 　＝（現在の地域空き家数－地域賃貸住宅戸数×10％）＋地域滅失戸数／年
>
> ※上記算定式に係る補足
> 　① 「地域」とは、賃貸住宅市場の傾向を同じ特性とする市場単位を指し、小さな区分（県ごとで100〜150区分程度）となります（不動産仲介会社に"同一地域とはどのエリアか？"と聞くことも一つの方法です）。
> 　② 「地域滅失戸数／年」は、簡便法で"地域賃貸住宅戸数×2.2％（国内平均値）"とします。
> 　③ 地域の直近空家数も不動産仲介会社で尋ねるとよいでしょう。

（出典）三鍋伊佐雄著「まじめに、賃貸経営」（PHP研究所）をもとに作成

3．賃貸住宅の家賃管理と賃貸住宅ローンの債権管理は、実は同根！

　毎月の家賃支払いに係る口座引落し不能率は、12〜18％に上るといいます。実に100件に15件内外が引落しできないのです。1棟6部屋のアパートでいえば、毎月必ず1部屋は引落し不能となる数字です。

　これら引落し不能者については、引落し不能が判明して即座に電話などで請求すると、その過半数は数日以内に自主的に振込みされます。いわゆる単純な入金忘れです。

　毎月の督促業務には「スピード感」が必要です。数ヵ月分まとめて請求すればよいなどと決して考えてはいけません。引落し不能が判明した直後に督促をしないとどうなるでしょう？　一度目の家賃支払不能者について、翌月の家賃引落し日までに回収できない確率は70％以上となり、長期家賃滞納者となります。

　「入金確認」「速やかな督促」という家賃回収業務は、まったく賃貸住宅ローンの債権管理にも通じるところがあります。家賃請求も返済督促も、遅延することで不良入居者や不良債務者を発生させることとなります。

第3節　自己査定に係る留意点

1.「農協検査（3者要請検査）結果事例集」からみた賃貸住宅ローン

「農協検査（3者要請検査）結果事例集」（以下「農協検査結果事例集」といいます）は平成25年3月19日、農林水産省と金融庁が公表したものです。平成23年7月から平成25年1月までの間に通知した検査結果を中心に掲載されており、自己査定に直接関係するものだけで、指摘事例28事例のうち信用リスク管理態勢12事例と資産査定管理態勢9事例で併せて21事例となり、ちょうど75％を占めています。

賃貸住宅ローン先は3者要請検査をはじめ行政庁検査において大口貸出先の一般査定先に抽出されることは確実であり、その農協検査結果事例集を自JAの賃貸住宅ローン業務の見直しなどに反映させることは非常に有益なことです。

そのなかでも、「与信集中リスク」は本店サイドの経営陣や所管部署が方法を定めるものです。最低限月次でALM（資産負債管理）会議において、貸出金に占める賃貸住宅ローンの割合がどのような推移を辿っているのか、金利や担保などの各種情報を踏まえて報告させるなど、創意工夫をしてください。貸出金に占める賃貸住宅ローンの大きな比重を再認識し、あくまで賃貸住宅ローン利用者の多くが古くからの農家組合員であることも念頭に置きましょう。

他の項目はそれぞれ取り上げ解説します。

【平成25年3月19日公表「農協検査（3者要請検査）結果事例集」による指摘事例】

①　賃貸住宅ローンにおける入居率や入金状況の確認を行っていない。
②　債務者と債務者が経営している不動産管理会社との資金の流れや経営実態を把握していない。
③　高齢者への貸出にもかかわらず、後継者の有無の確認を行っていない。
④　賃貸住宅ローンが貸出金の大部分を占めているにもかかわらず、残高や貸出金に占める割合等を定期的に把握・管理し、報告させる態勢の整備など、「与信集中リスク」を管理する方法を定めていない。
⑤　賃貸住宅経営におけるキャッシュ・フローの算定方法を定めていない。
⑥　キャッシュ・フローの算定方法を定めていないことから、キャッシュ・フローによる債務者の弁済能力の検証を行っておらず、表面的な延滞の有無に重点を置いて債務者区分の判定を行っている。
⑦　債務者の実態把握や財務分析に係る具体的な方法が指示されていない。
⑧　管理会社と一括借上契約を締結している賃貸物件に係る貸出について、中途解約等のリスクがあるにもかかわらず、賃貸物件の入居状況を把握していない。

2．日本銀行考査にみる不動産賃貸向けローン

　日本銀行考査（以下「日銀考査」といいます）は、JAとは関係がありません。

　しかし、日銀考査の実施方針等は、農林水産省から毎年4月10日頃に当年度の「検査方針、統一検査事項及び検査周期」が公表されるよりも2週間程はやく毎年3月下旬に公表されており、当年度の検査方針等では最も早いものになります。

　また、日銀考査の実施方針等は、次の「不動産賃貸向けローン等のリスク管理強化」にもみられるように、具体的でわかりやすいこともあり、JAにとっても賃貸住宅ローンのリスク管理に係る点検項目として十分活用できます。

　さらには、賃貸住宅ローンだけでなく、住宅ローンをはじめとする信用リスク管理態勢や、その他のリスク管理態勢などについても、JAの信用事業に係る健全性維持と向上のための多くのヒントが詰まっていると思われますので是非参考としてください。

【2014年3月25日　日本銀行「2014年度の考査の実施方針等について」より】

不動産賃貸向けローン等のリスク管理強化

(1) 2013年度考査結果

　長期のキャッシュ・フローに係るリスクを踏まえた事前審査や中間管理が不十分な金融機関が多くみられた。

(2) 2014年度考査の実施方針等

　① 不動産賃貸向けローンのリスク特性に即した審査基準を整備しているか。

　② 債務者属性分析等に基づきポートフォリオの質の変化を適切に把握し、審査基準を見直しているか。

　③ 物件の入居状況や賃料収入の変化等を踏まえて、事前審査や融資実行後の管理を適切に行っているか。

3．賃貸住宅ローンのキャッシュ・フローとは

(1) 審査部門の役割・責任

「系統金融検査マニュアル 信用リスク管理態勢の確認検査用チェックリスト」における「信用リスク管理部門の役割・責任」には、審査部門・与信管理部門・問題債権の管理部門のそれぞれの役割・責任が記載されています。その審査部門の役割・責任において、「〜返済財源等を的確に把握する〜」とありますが、賃貸住宅ローンの「キャッシュ・フロー」とは、まさに『返済財源』のことです。そのキャッシュ・フローの算定方法が定められていないということは、審査部門の役割・責任を果たしていないどころか、案件を持ち込んだ業者の建築計画などを鵜呑みにしたのではないか、あるいは農業信用基金協会などへ審査を丸投げしたのではないか、と行政庁検査において疑われても致し方ないといわざるを得ません。

(2) 「賃貸計画および建築計画」と「収支計画および返済財源（キャッシュ・フロー）」

キャッシュ・フロー算定のためには、賃貸住宅ローンの「賃貸計画および建築計画」と「収支計画および返済財源（キャッシュ・フロー）」を作成します。これらの様式は、業者が持ち込んだ建築計画などをもとに改めて自ら作成することに意義があります。

これらの様式は、キャッシュ・フローの算定だけではなく、持ち込まれた案件を検討するためにも役立ちます。

多くのJAが資産管理事業を行っており、事業区域内での賃貸住宅に関する情報を豊富に持っているはずです。ところが賃貸住宅ローンを所管している信用事業部門との情報の交換や共有がなされていないところも散見されます。

信用事業と資産管理事業の各部門が密に連携していれば、申し込まれた案件が建設予定地付近の賃料相場や賃貸物件タイプにふさわしいかどうかなど、賃貸住宅ローン利用申込人の農家組合員へアドバイスできるはずです。

> 賃貸住宅ローンのキャッシュ・フローは、『返済財源』を意味するものです。収支計画における現金（キャッシュ）のみの出入りの「資金収支」の「収支」欄が返済財源（＝キャッシュ・フロー）となります。
> 「系統金融検査マニュアル 資産査定管理態勢の確認検査用チェックリスト 自己査定（別表1）」では、「キャッシュ・フロー」とは、当期利益に減価償却など非資金項目を調整した金額として定義されています。
> しかしながら、賃貸住宅ローンのキャッシュ・フローは、減価償却費を除いた現金収支での差額のほうが把握しやすいです。

> 決算書類3期分を徴求のうえ、営業損益、繰越損失や債務超過などの有無を調査します。上場会社は会社情報の写しでかまいません。

賃貸不動産の賃貸計画および建築計画

| 支店名 | | 利用者番号 | | 申込者名 | | 借入申込金額 | 百万円 | 返済申込期間 | 年 |

1. 賃貸計画

| 建築予定価額 | 百万円 | 間取り | | 物件タイプ | □ 単身者用 □ 家 族 用 □ |

入居戸数	戸	家賃保証 有・無	家賃保証会社名：	所在地：
家賃保証会社財務内容				
家賃保証契約の内容				

2. 建築計画

| 物件所在地（登記簿上の住所） |
物件の種目	建物延面積	建物の構造	階数
	㎡		
建物竣工年月日	用途地域名	容積率	建ぺい率
年 月 日		%	%
土地の権利	土地面積
	㎡
接道状況
前面道路状況		間口	m

駐車場	台	インターネット設備	有　無
火災保険付保	百万円	地震保険付保	百万円
最寄り駅と駅迄の所要時間 駅名			分

3. 保全状況及び担保外資産状況

項　目	金額（単位：千円）
当JA抵当権等金額合計	
担保評価額（時価）合計	
処分可能見込額	
担保外資産合計（本人）	
本人以外の担保外資産合計	

賃貸不動産の収支計画および返済財源（＝キャッシュ・フロー）

| 支店名 | | 利用者番号 | | 申込者名 | | 借入申込金額 | 百万円 | 返済申込期間 | 年 |

4. 収支計画

(単位：千円)

		1年目	2年目	3年目	4年目	5年目	6年目	7年目	8年目	9年目	10年目
収入	家賃収入										
	共益費収入										
	駐車場収入										
	小　計①										
経費・支出	修繕費（建築費1%）										
	管理費（賃料5%）										
	公租公課										
	損害保険料										
	支払利息										
	人件費										
	その他経費										
	小　計②										
	減価償却費③										
	合　計（②+③）										
資金収支	収　入①										
	支　出②										
	収支（④=①-②）										

5. 返済財源（＝キャッシュ・フロー）

(単位：千円)

| 返済財源（④） | | | | | | | | | | |

　家賃保証会社が通常使用している「賃貸住宅契約書」、「サブリース（住宅）原賃貸借契約書」や「賃貸住宅管理委受託契約書兼重要事項説明書」などを徴求し、賃貸不動産融資利用申込者が不利な契約でないかどうか検証しましょう。

第7章　賃貸住宅ローンのリスク管理

4．賃貸住宅経営に関わるもう一つのキャッシュ・フロー

　債務者自身のキャッシュ・フローだけでなく、1棟ずつの賃貸住宅経営の健全化を厳格に求め、必ず1棟ごとのキャッシュ・フロー（資金収支）黒字を目指さなければなりません。

　賃貸住宅には必ず毎年の税金など必要経費や数年ごとの修繕費用などが発生します。それらの費用は、当該賃貸住宅から生まれるキャッシュ（現金）で賄うことが合理的でもあり、当然のことです。

　将来相続が発生した場合には、賃貸住宅も相続される資産の一つです。兄弟などへの分割承継が当たり前の時代に「赤字資産」を相続する子孫はなく、次世代の迷惑資産となります。

　黒字資産の賃貸住宅が、次世代へのトラブルなき資産承継の第一歩です。赤字資産の賃貸住宅はこれ一つで「家族にとって負の資産」となり、後世の家族が住宅ローンなど別の借入をしようとした場合、障害となる可能性があります。

第4節　自己査定、債権管理および行政庁検査などに対応できる「賃貸不動産調査管理票」

「賃貸不動産調査管理票」は、賃貸住宅をはじめ貸家や貸ビルなどの不動産担保物件調査資料の綴りとして、賃貸住宅1棟ごとに関係調査資料を「1件書類」に綴るようにしたものです。賃貸住宅ローン利用者は、大口貸出先として自己査定のみならず行政庁検査でも必ずといってよいほど抽出されますが、そのどちらにも対応することができます。

「賃貸不動産調査管理票」作成の意義は、まず、1件綴りとすることで、融資対象物件の入居状況や返済実績を容易に把握できることです。賃貸住宅経営者の多くは、賃貸不動産を複数所有しています。先に述べたように、各々の不動産が独立して採算がとれていることが必要です。

次に、賃貸住宅ローンは、通常超長期間の貸出となります。その間、JAでも人事異動により支店長や担当者が替わることもありますが、「賃貸不動産調査管理票」を確認することで、「債務者の概況」もある程度把握することができます。

さらには、日常的な整理を継続することで与信管理の一環としても有意義なものになります。

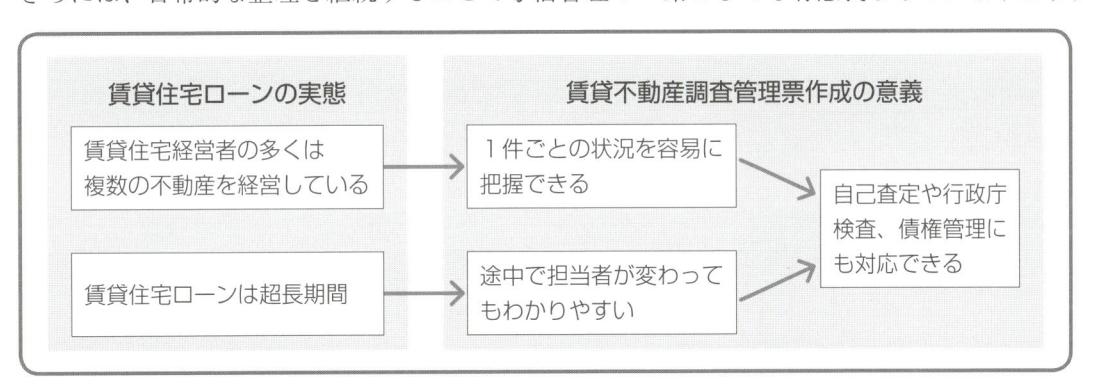

```
賃貸住宅ローンの実態                    賃貸不動産調査管理票作成の意義

賃貸住宅経営者の多くは        →    1件ごとの状況を容易に
複数の不動産を経営している          把握できる                   →   自己査定や行政庁
                                                                    検査、債権管理に
賃貸住宅ローンは超長期間      →    途中で担当者が変わって       →   も対応できる
                                    もわかりやすい
```

以下に、賃貸不動産調査管理票綴の書式見本を掲載し、その作成方法を解説します。内容は次のとおりです。

- ・表紙……102ページ参照
- ・賃貸不動産調査管理票の活用方法……103ページ参照
- ・賃貸不動産融資債権書類　チェックシート……104ページ参照
- ・賃貸不動産　用語の定義　No.1……106ページ参照
- ・賃貸不動産　用語の定義　No.2……108ページ参照
- ・賃貸不動産　用語の定義　No.3……110ページ参照
- ・賃貸不動産明細表……112ページ参照
- ・個別明細……113～117ページ参照

| 店番 | | 支店名 | | 利用者番号 | | 債務者名 | |

賃貸不動産調査管理票綴

賃貸不動産調査管理票の活用方法

　この「賃貸不動産調査管理票」は、賃貸アパート・賃貸マンションをはじめ、貸家や貸ビルなどの債務者の所有する賃貸不動産について、調査管理票として作成できるようにしたものです。

　「賃貸不動産 調査管理票」の原因書類である「賃貸不動産融資債権書類チェックシート」と、賃貸不動産物件に係る担保評価を理解するための「賃貸不動産用語の定義№1、№2、№3」も添付しています。

　この「賃貸不動産調査管理票」を作成するに際しての留意事項は、下記のとおりです。
1．まず、債務者が所有している賃貸不動産のすべてを「賃貸不動産明細表」に記載してください。
2．賃貸不動産明細表の「個別明細との符号」に、例えば「1」を入れて、各種調査管理票の共通番号として関連付けします。
3．「賃貸不動産明細表符号□個別賃貸不動産の収支状況・賃貸状況・賃貸不動産の概要・保全状況（個別明細その1）」は、3年分の収支状況や債務償還年数を算出する欄があります。
4．現地写真については、毎年撮影するようにしましょう。現地写真を撮影する場合には、前もって債務者から必要な情報をヒアリングするときに、後刻現地の撮影する旨了解を取っておいたほうが後日トラブルになりません。
5．賃貸不動産が2つ以上ある場合には「個別明細その1」から「個別明細その12」までをコピーして活用してください。
6．当初作成する際は非常に面倒で手間がかかりますが、一度作成しておくと今後のメンテナンスは円滑に運用できます。

以　上

　「賃貸不動産調査管理票」の活用方法についても綴りに含めます。これは、たとえ担当者が変わったとしても、同じように活用してもらうためです。活用方法がわからないために、使用されないような事態は避けなければなりません。

賃貸不動産融資債権書類　チェックシート

| 店番 | | 支店名 | | 利用者番号 | | 債務者名 | |

書類名	概　要	担当印	検証印
債務者概況	債務者の経歴、家族構成や自JAとの取引状況がわかるもの		
農協取引約定書	融資契約における基本事項を定めた書類		
金銭消費貸借契約証書	証書貸付に用いる書類		
連帯保証人の保証意思確認記録書	保証意思をいつ、どこで、どのように本人と確認したかの書類		
（根）抵当権設定契約証書	担保に関する約束を定めた書類		
担保提供者の担保提供意思確認記録書	提供意思をいつ、どこで、どのように本人と確認したかの書類		
印鑑証明書（債務者本人）	債務者本人であることを確認する書類		
印鑑証明書（連帯保証人）	連帯保証人であることを確認する書類		
納税証明書	税金の滞納がないかを確認する書類		
確定申告書及び損益計算書	所得や事業の状況をみる書類で過去３期分が望ましい		
固定資産評価証明書	債務者本人の資産がわかる書類		
賃貸不動産建築計画書	資金調達、単身向か家族向の建築内容がわかる書類		
賃貸不動産収支計画書	賃貸収入や費用の長期間のシミュレーションがわかる書類		
見積書	建築費用がわかる書類		
工事請負契約書	建築業者との工事請負内容がわかる書類		
農地転用許可証	建築予定地が建築可能かわかる書類		
建築確認済証	建築基準法や都市計画法などの許認可がわかる書類		
検査済証	建物が賃貸不動産にふさわしいかどうかわかる書類		
登記事項証明書	建物とその敷地が共同担保で設定しているか確認する書類		
公図・地図（14条１項地図）	賃貸不動産所在地の地形や位置、道路接面状況をみる書類		
建物図面	賃貸不動産の位置や形をみる書類		
地積測量図	賃貸不動産の敷地の地形や面積をみる書類		

賃貸不動産の現地案内図	賃貸不動産がどこに建っているかマーカーで示した住宅地図		
賃貸不動産の現地写真	賃貸不動産そのものだけでなく、その背景もわかる写真数枚		
質権設定済の火災保険証	火災保険は建築費用と同額、返済期間と同期間とすること		
信用保証機関の信用保証書	保証条件が必ず履行されているかを確認すること		
家賃保証契約書（写し）	保証契約の内容をよく吟味し、返済に支障を来さないこと		
家賃保証会社資料	家賃保証会社の決算書などを徴求し、経営分析をすること		

「賃貸不動産融資債権書類　チェックシート」は、賃貸住宅ローンの受付時から融資実行後の現在に至るまでの書類が完備されているかどうかをチェックするためのシートです。特に注意すべきことは、金銭消費貸借契約書と（根）抵当権設定契約書について、債務者本人の本人確認や借入意思確認、担保提供者の本人確認や担保提供意思確認が規定どおり行われているかを、担当者一人に任せるだけでなく、その上司あるいは支店長が検証するぐらいの事務リスク管理に関する認識をもつことです。

賃貸不動産　用語の定義　No.1

1．収支状況に係る用語と定義

用　語		定　義
現在貸付残高		12月末時点での貸付残高を記載する
運営収益	貸室賃料収入	対象不動産の全部または貸室部分についての賃貸または運営委託をすることにより経常的に得られる収入
	共益費収入	対象不動産の維持管理・運営において経常的に要する費用（電気・水道・ガス・地域冷暖房熱源等に要する費用を含む）のうち、共用部分に係るものとして賃借人との契約により徴収する収入
	水道光熱費収入	対象不動産の運営において電気・水道・ガス・地域冷暖房熱源等に要する費用のうち、貸室部分に係るものとして賃借人との契約により徴収する収入
	駐車場収入	対象不動産に付属する駐車場をテナント等に賃貸することによって得られる収入および駐車場を時間貸しすることによって得られる収入
	その他収入	その他看板、アンテナ、自動販売機の施設設置料、礼金・更新料等の返還を要しない一時金等の収入
	空室等損失	貸室賃料、共益費、水道光熱費各収入が満室を想定した場合について、空室や入替期間等の発生予測に基づく減少分（通常は記載する必要はない）
	貸倒損失	貸室賃料、共益費、水道光熱費各収入が満室を想定した場合について、貸倒れの発生予測に基づく減少分（通常は記載する必要はない）
運営費用	維持管理費	建物・設備管理、保安設備、清掃等対象不動産の維持・管理のために経常的に要する費用
	水道光熱費	対象不動産の運営において電気・水道・ガス・地域冷暖房熱源等に要する費用
	修繕費	対象不動産に係る建物・設備等の修理・改良等のために支出した金額のうち当該建物・設備等の通常の維持管理のため、または一部がき損した建物・設備等につきその現状を回復するために経常的に要する費用
	プロパティマネジメントフィー	対象不動産の管理業務に係る経費
	テナント募集費用等	新規テナントの募集に際して行われる仲介業務や広告宣伝等に要する費用およびテナントの賃貸借契約の更新や再契約業務に要する費用等
	公租公課	固定資産税（土地・建物・償却資産）、都市計画税（土地・建物）

運営費用	損害保険料	対象不動産および附属設備に係る火災保険料、対象不動産の欠陥や管理上の事故による第三者等の損害を担保する賠償責任保険等の料金
	その他費用	その他支払地代、道路占用使用料等の費用
運営純収益		運営収益から運営費用を控除して得た額
一時金の運用益		預かり金的性格を有する保証金等の運用益
資本的支出		対象不動産に係る建物・設備等の修理・改善等のために支出した金額のうち当該建物・設備等の価値を高め、またはその耐久性を増すこととなると認められる部分に対応する支出
純収益		運営純収益に一時金の運用益を加算し資本的支出を控除した額
取引利回り		純収益を取得価格で除した割合
当該貸付金支払利息		当該賃貸不動産に対する貸付金に係る1月1日から12月末日までの自JAへの支払利息
返済財源		運営純収益から当該貸付金支払利息を控除した額を債務償還に係る返済財源とする

「賃貸不動産　用語の定義」は、次節で解説する「収益還元法」による賃貸不動産の担保評価で必要であるということで掲載しています。

「1．収支状況に係る用語と定義」の「運営収益」と「運営費用」は、種類とその内容を記載しています。

また、「運営純収益」は、運営収益から運用費用を差し引いたもので年間の現金収支です。したがって、減価償却費は含んでいません。

「純収益」は、保証金として預かったお金で運用した利益と運営純収益を加算したものです。

「返済財源」は、運営純収益から、この賃貸不動産のみ対象（ひも付き）とした貸出金の年間支払利息を差し引いた額とします。

賃貸不動産　用語の定義　No.2

２．債務償還年数に係る用語と定義

用　語	定　義
現在貸付残高	12月末時点での貸付残高を記載する
返済財源	運営純収益から当該貸付金支払利息を控除した額を債務償還に係る返済財源とする
債務償還年数	返済財源を当該賃貸不動産の債務償還に係る、いわゆるキャッシュ・フローとし、現在貸付残高を返済財源で除したものを債務償還年数とする

※　債務償還年数と債務者区分の目安

債務者区分＼業　種	正常先（問題なし）	要注意先（債務償還能力劣る）	破綻懸念先（債務償還能力極めて劣る）
一般事業会社	〜　10　年	10　〜　20　年	20　〜　　年
不動産賃貸業	〜　25　年	25　〜　35　年	35　〜　　年

３．賃貸状況に係る用語と定義

用　語	定　義
建築戸数	賃貸できる戸数を記載する
入居戸数	入居している戸数を記載する
入居率	建築戸数と入居戸数を入力することによって自動的に入居率を算出する
家賃保証の有無	家賃保証の有無を記載する
家賃保証会社名	家賃保証を行っている会社名を記載する
家賃保証形態（簡潔に記載のこと）	家賃保証を行っている契約形態で家賃保証期間が何十年か、所定家賃の何％を保証してもらっているのか記載する

「２．債務償還年数に係る用語と定義」が「賃貸不動産　用語の定義」のなかでは、最も重要なポイントです。

(1)　「※　**債務償還年数と債務者区分の目安**」に注目してください。

　　業種により債務償還年数での債務者区分の目安に差があります。

　　一般事業会社では債務償還年数が10年以内であれば「正常先」として債務者区分の目安となります。

　　それに対して、不動産賃貸業は旅館やホテルと同様に「**装置産業**」であり、債権回収が長期にわたることから、債務償還年数が25年以内であれば「正常先」として債務者区分の目安となります。

　　ここで注意すべきこととして、債務償還年数は債務者区分判断の大きな要素であること

は間違いありませんが、他の定量情報や定性情報も加味して、総合的な判断により債務者区分を決定してください。

(2) 債務償還年数と債務者区分の目安の関係を説明するだけでは、ピンと来ないと思いますので具体的な例をあげて解説します。

例えば、賃貸住宅ローン9,000万円を30年間の毎月元金均等返済契約（年間元金返済額は300万円）で5年前に貸出、前年12月末の貸付残高を、7,500万円とします。

① 当初貸付時

9,000万円÷300万円＝30年

当初契約時の返済条件ですので問題はありません。

② 前年12月末　返済財源が600万円の場合

7,500万円÷600万円＝12.5年

残存する返済期間が25年であることを勘案しても、将来見通しや過去5年間で蓄積された資産背景を考慮するなどして、債務者区分の目安としては、正常先と判断できます。

②' 前年12月末　返済財源が300万円の場合

7,500万円÷300万円＝25年

残存する返済期間が25年、かつ債務者区分の目安も25年以内であれば正常先と判断できそうです。しかし、返済財源300万円は、年間元金返済額300万円と同額です。諸費用を除いたら300万円の返済財源だけしか残らないということを意味します。まったく資金の余裕がないことを示しています。

このケースの場合は債務者から、運営収益減少の原因究明や将来見通しなどをヒアリングしたうえで、債務者区分は「要注意先」が上限であると判断されます。

「3．賃貸状況に係る用語と定義」における入居率については、入居率が下がれば当然運営収益も落ち込み、それが賃貸住宅ローンの返済にも響いてくるのは当然の成行きです。

入居状況を調査するためには、マニュアル別冊でも記載されているとおり、『現地訪問』が最良の方法です。しかしながら、現在はセキュリティー面で、洗濯物干しや新聞受など外観から観察することが難しくなっているのが現状だと思われます。賃貸高層マンションだとなおさらです。

そこで、債務者は大口貸出先が多いことから、確定申告後の4～5月には必ず「**不動産所得用の青色申告決算書**」を徴求しましょう。賃貸不動産経営者は、賃貸物件を複数所有していることが多いことから、損益計算書の賃貸料収入部分を見てもわかりませんが、損益計算書裏面の「不動産所得の収入の内訳」部分を前年のものと比較することで、ある程度は入居状況を憶測できます。

また、賃貸住宅ローン先は大口貸出先と同時に大口貯金先であると想定されますので、支店長等は継続的な訪問や年末の挨拶回りの際にはそれとなく聞き取ってください。

賃貸不動産　用語の定義　No.3

4．賃貸不動産の概要に係る用語と定義

用　語	定　義
物件所在地 （登記簿上の住所）	「登記簿」（正式には「登記事項証明書」という）に記載された所在地。一般にいう「住所」（住居表示）とは異なるので注意が必要である
物件の種目	賃貸アパート・賃貸マンション・貸店舗・貸ビルというように表示する
建物延面積	一般的に登記事項証明書に記載のある面積で、合計床面積を表示する
建物の構造	建物の主要構造部が何によってできているかを表示する
階数	その建物が何階建てかを表示する
建物竣工年月日	その建物の竣工した日を登記事項証明書で確認し表示する
用途地域名	都市計画法で定められた地域の種類を表示する
容積率	建築物の延べ面積の敷地面積に対する割合を表示する
建ぺい率	建築物の建築面積が敷地面積に占める割合を表示する
土地の権利	所有権、地上権、借地権などのいずれかを表示する
土地面積	一般的に登記事項証明書に記載のある面積（いわゆる「公簿面積」のこと）を表示する
接道状況	建築物件に面した主要道路の状況（公道または私道）を表示する。間口は主な接面幅を表示する
設備の引込状況	電気、水道、ガスの引込状況を表示し、有りの場合は「有」と表示する
火災保険	火災保険が付保されている場合は、「有」と表示する
地震保険	地震保険が付保されている場合は、「有」と表示する
最寄り駅と その駅までの所要時間	建築物件の最寄り駅名と、その駅への徒歩での所要時間を表示する。この場合の徒歩1分の距離は80mを指す

5．保全状況に係る用語と定義

用　語	定　義
当JA抵当権等金額合計	当該賃貸不動産の自己査定仮基準日直近で見直した後の不動産担保明細の当JA根抵当権極度額または抵当権債権額を記載する
担保評価額（時価）合計	当該賃貸不動産の自己査定仮基準日直近で見直した後の不動産担保明細の「担保評価額（時価）」を記載する
処分可能見込額	当該賃貸不動産の自己査定仮基準日直近で見直した後の不動産担保明細の「処分可能見込額」を記載する

6．その他に係る用語と定義

用　語	定　義
不動産担保明細対応符号	当該賃貸不動産に係る不動産担保明細において対応する符号を記載する

　「4．賃貸不動産の概要に係る用語と定義」は、賃貸不動産の所在地、建物の種目や構造など基礎的な項目とその意味を記載しています。

　「5．保全状況に係る用語と定義」は、当該賃貸不動産に係る担保評価額（時価）や処分可能見込額等を記載します。

　担保評価は、基準地価公表時以降の最新のデータに基づき、見直しを行うことが必要です。賃貸住宅ローン先の多くが大口貸出先であることと信用リスク管理の観点から、系統金融検査マニュアルに定められている以上に、正常先であっても年1回見直しを行うようにしましょう。

　「6．その他に係る用語と定義」にあるように、「賃貸不動産調査管理票」において、賃貸不動産ごとに不動産担保明細における「符号」を付けて、リンクするようにします。

賃貸不動産明細表
〔賃貸住宅（賃貸アパート・賃貸マンション）、貸家及び貸ビルなどを対象〕

| 店番 | | 支店名 | | 利用者番号 | | 債務者名 | |

(　　　　年　12月末現在)

(単位：千円)

個別明細との符号	物件名称	所在地	都市計画上の区域	賃貸不動産の種目（賃貸住宅や貸ビルなど）	取得年月	取得価格	時　価	貸出の有無
1					年　月			
					年　月			
					年　月			
					年　月			
					年　月			
					年　月			
					年　月			
					年　月			
					年　月			
					年　月			
					年　月			
					年　月			
					年　月			
					年　月			

（注）1．「貸出の有無」欄には、JAの貸出がある場合には「　有　」と記載すること。
　　　2．JAの貸出がある「賃貸不動産」を、「個別明細との符号」欄の「　1　」から順次記載し、JAの貸出がない「賃貸不動産」はJAの貸出のある「賃貸不動産」の次に記載すること。

　「賃貸不動産明細表」は、JAの貸出の有無にかかわらず、賃貸不動産経営者が所有している賃貸不動産のすべてを記載します。
　JAの貸出に符合している「賃貸不動産明細」をすべて記載するのは当然です。JAの貸出がない「賃貸不動産」は少し時間がかかるかもしれませんが、記載できるように努めてください。

個別明細　その1

賃貸不動産明細表符号 ①　個別賃貸不動産の収支状況・賃貸状況・賃貸不動産の概要・保全状況

店番		支店名		利用者番号		債務者名	

不動産担保明細対応符号

貸出科目	証書貸付	取扱番号		当初貸付日		貸付期限日		返済期間	年
当初貸付額	千円	取得価格	千円	※建築場所は必ず現地を確認すること。					

第7章　賃貸住宅ローンのリスク管理

1．収支状況　※収支状況は、決算書等より記載すること。（単位：千円）

項　目		年　月	年　月	年　月
現在貸付残高				
運営収益	貸室賃料収入			
	共益費収入			
	水道光熱費収入			
	駐車場収入			
	その他収入			
運営収益				
運営費用	維持管理費			
	水道光熱費			
	修繕費			
	プロパティマネジメントフィー			
	テナント募集費用等			
	公租公課			
	損害保険料			
	その他費用			
運営費用				
運営純収益				
一時金の運用益				
資本的支出				
純収益				
取引利回り				
当該貸付金支払利息				
返済財源				

2．債務償還年数　（単位：千円）

項　目	年　月	年　月	年　月
現在貸付残高			
返済財源			
債務償還年数	年	年	年

3．賃貸状況　（単位：戸）

項　目	年　月	年　月	年　月
建築戸数			
入居戸数			
入居率			
家賃保証の有無	有・無	有・無	有・無
家賃保証会社名			
家賃保証形態（簡潔に記載のこと）			

4．賃貸不動産の概要

物件所在地（登記簿上の住所）				
物件の種目	建物延面積	建物の構造		階数
	㎡			
建物竣工年月日	用途地域名	容積率		建ぺい率
年　月　日		％		％
土地の権利	土地面積	接道状況		
	㎡	前面道路状況	間口	m
設備の引込状況及び保険付保状況				
電気	水道	ガス	火災保険	地震保険
最寄り駅とその駅までの所要時間				
鉄道会社	駅名	駅まで歩いて		分

5．保全状況　（単位：千円）

項　目	年　月	年　月	年　月
当JA抵当権等金額合計			
担保評価額（時価）合計			
処分可能見込額			

　少し長いですが、「賃貸不動産明細表符号□個別賃貸不動産の収支状況・賃貸状況・賃貸不動産の概要・保全状況」は、「賃貸不動産調査管理票」のなかでも中核をなすものです。
　3年分の収支状況、債務償還年数や賃貸状況を記載することで比較できるようにしました。これらの情報をシステムによりデータベース化することで支店別、区域別、賃貸物件のタイプ別などいろいろな切り口で、賃貸住宅ローンに係る分析が可能になります。
　全国のJAの貸出金に占める賃貸住宅ローンの割合は非常に大きく、与信集中に係るリスク管理においても、このような分析手法はコンピューターの知識がある程度あればシステム構築はできると考えられます。
　行政庁検査への対策もさることながら、自JAの信用リスク管理にも大いに貢献できると確信します。

個別明細　その2
賃貸不動産明細表符号 ① 個別賃貸不動産の家賃保証契約書（写）

※　最新の家賃保証契約書をコピーし添付する。
　　なお、契約内容で債務者や債権者の自JAにとって、不利となるような条項は、個別明細その1の「家賃保証形態」欄に記載しておき、今後の債権管理には留意しておくこと。

個別明細　その3
賃貸不動産明細表符号 ① 個別賃貸不動産の家賃保証契約会社の経営状況（写）

※　家賃保証契約会社が一部上場会社の関連会社であっても、その経営状況がわかる資料を添付しておくこと。

　国土交通省は、賃貸住宅の管理業務の適正化を図るために、国土交通省告示による『**賃貸住宅管理業者登録制度**』を平成23年12月1日から施行しました。
　賃貸住宅管理業務に関して一定のルールを設けることで、借主と貸主の利益保護を図り、登録事業者を公表することにより、消費者が管理会社や物件選択の判断材料として活用することを可能としています。
　資産管理事業を行っているJAには大いに関係するものでもあり、それだけでなく信用事業において賃貸住宅ローンを取り扱う場合にも、賃貸住宅管理業務が専門化していることを踏まえて、あらかじめその概要を知っておく必要があります。
　賃貸住宅管理業者登録制度には、いくつかのJAも登録しているようです。
　賃貸住宅管理業務は、おおよそ次のとおりです。

基本業務	入居者募集、敷金（保証金）の授受、賃料の徴収等、入居者管理、清掃・除草、建物・設備・敷地の管理、契約更新・改定業務、解約業務
付加業務	賃料収入保証：満室保証（新築後一定期間空室損） （家賃保証）　　空室保証（満室保証経過後空室損） 　　　　　　　滞納保証（延滞賃料・不払い賃料代払） 　　　　　　　一括保証（約定保証賃料の定時払）

　さらに、家賃保証契約にかかわり、サブリース契約についても解説します。国土交通省によるサブリース事業の定義は次のとおりです。
　賃貸住宅におけるサブリース事業とは、賃貸管理事業者が建物所有者（家主）等から建物を転貸目的にて賃借し、自らが転貸人となって入居者（転借人）に転貸するシステムによって行う賃貸管理事業です。
　賃貸管理事業者が経営判断を伴う包括的な管理を行うことにより、所有と経営の分離が具現化し、入居者に対してはより質の高い住環境を、賃貸人に対しては経営の安定化をもたらす効果が期待されています。
　国土交通省は、『**サブリース住宅原賃貸借標準契約書**』を作成し、積極的に活用するよう呼び

かけています。
　例えば、サブリース住宅原賃貸借標準契約書の賃料を定めた第5条第3項では、
　　貸主（賃貸住宅経営者）及び借主（賃貸管理事業者）は、次の各号の一に該当する場合には、
　協議の上、賃料を改定することができる。
　　一　土地又は建物に対する租税その他の負担の増減により賃料が不相当となった場合
　　二　土地又は建物の価格の上昇又は低下その他の経済事情の変動により賃料が不相当と
　　　なった場合
　　三　近傍同種の建物の賃料に比較して賃料が不相当となった場合
となっています。
　また、期間内の解約を定めた第15条では、借主（賃貸管理事業者）は、貸主（賃貸住宅経営者）に対して少なくとも6ヵ月前に解約の申入れを行うことにより、本契約を解除することができる、となっています。
　さらに、国土交通省のホームページでは、『サブリース住宅原賃貸借標準契約書』とともに『**賃貸住宅標準契約書**』も掲載されており、その使用は法令で義務付けられていないものの、この賃貸住宅標準契約書を使用することで貸主（賃貸住宅経営者）と借主（入居者）の間の信頼関係を確立することが期待できる、としています。
　国土交通省の『**賃貸住宅標準契約書**』や『**サブリース住宅原賃貸借標準契約書**』は、使用を法的に義務付けられることはありませんが、賃貸管理事業者はこれらを参考に契約書などを作成しますから、JAの皆さまも一度目を通したほうがよいでしょう。

個別明細　その4

賃貸不動産明細表符号 ① 個別賃貸不動産の家賃などの振込口座（写）

※　当該賃貸不動産の賃貸料や家賃などで自JAの口座に振込みされているものについては、過去2年間の照会票を貼付しておくこと。
　なお、他金融機関で振込みされている場合には、債務者から協力を得られるのであればコピーさせてもらうこと。

　家賃は、家賃保証契約により毎月一定日に一定額が賃貸住宅ローン利用者（債務者）の指定口座へ振り込まれるはずです。その振込金額に変化があった場合には、何か問題があると認識して、債務者に面談するなりして迅速な行動を取ってください。
　いまさらいうまでもないことかもしれませんが、家賃保証契約の有無にかかわらず、入居者もJAの大切な利用者になる可能性があります。入居者の方々にJAで口座を開設していただくよう、賃貸住宅の竣工前までには、JAの正組合員でもある賃貸住宅経営者に協力していただくようお願いしてください。

個別明細　その5
賃貸不動産明細表符号 [1] 個別賃貸不動産に係る貸付金の過去2年間の返済履歴明細

※　暦年（1月1日から12月末日まで）での返済履歴明細を前々年と前年のものを貼付し、約定どおり償還されているか確認しておくこと。

　過去2年の間に1回の遅れもなく、賃貸住宅ローン契約どおりに返済されることは当たり前のようですが、「過去の約定返済履歴等の取引実績」は、「経営者の資質」（マニュアル別冊参照）を客観的、かつ容易に疎明する資料の一つです。

個別明細　その6
賃貸不動産明細表符号 [1] 個別賃貸不動産の所在地がわかる住宅地図（写）

※　当該賃貸不動産の所在地がわかる住宅地図にマーカーなどで目印を付けておくこと。

個別明細　その7
賃貸不動産明細表符号 [1] 個別賃貸不動産の公図（14条1項地図）（写）

※　公図あるいは14条1項地図の写しに当該賃貸不動産の所在地をマーカーなどで囲んでおくこと。

個別明細　その8
賃貸不動産明細表符号 [1] 個別賃貸不動産の建物図面（写）

※　建物図面の写しを添付しておくこと。

　なぜ、住宅地図や公図の賃貸不動産の所在地にマーカーで印を付けるのでしょう？
　その理由は、行政庁検査で土地勘のない検査官に対して、言葉でなく検査官の眼で確認させることができるからです。検査官も多忙です。土地勘のないところで言葉だけで検査官に説明しても混乱させるだけです。建物図面は、賃貸住宅の規模がおおよそわかります。

個別明細　その9

賃貸不動産明細表符号 1 個別賃貸不動産の現地写真　正面

※　周辺の環境や状況がわかるように撮影すること。

| 平成 | 年 | 月 | 日 | 役職・氏名 | ・ | 印 | 撮影 |

個別明細　その10

賃貸不動産明細表符号 1 個別賃貸不動産の現地写真　裏手

※　周辺の環境や状況がわかるように撮影すること。

| 平成 | 年 | 月 | 日 | 役職・氏名 | ・ | 印 | 撮影 |

個別明細　その11

賃貸不動産明細表符号 1 個別賃貸不動産の現地写真　右側

※　周辺の環境や状況がわかるように撮影すること。

| 平成 | 年 | 月 | 日 | 役職・氏名 | ・ | 印 | 撮影 |

個別明細　その12

賃貸不動産明細表符号 1 個別賃貸不動産の現地写真　左側

※　周辺の環境や状況がわかるように撮影すること。

| 平成 | 年 | 月 | 日 | 役職・氏名 | ・ | 印 | 撮影 |

　現地写真を正面、裏手、右側および左側と最低4枚撮影するのは、現地訪問したことが撮影年月日とともに疎明できるうえに、住宅地図より現地写真のほうが周辺環境も含めてはっきりとわかるからです。

　ただし、住宅地図や現地写真は、賃貸住宅などを取り巻く立地条件や周辺環境が時間とともに変化することから、定期的に入れ替えるようルール化したほうがよいでしょう。

第5節　賃貸住宅物件に係る担保評価

1．自己査定（別表1）の書き振り

「系統金融検査マニュアル 資産査定管理態勢の確認検査用チェックリスト 自己査定（別表1）1．債権の分類方法 (4)担保による調整 ③担保評価額」の「自己査定結果の正確性の検証」において、次のような記述があります。

> なお、賃貸ビル等の収益用不動産の担保評価に当たっては、<u>**原則、収益還元法による評価**</u>とし、必要に応じて、原価法による評価、取引事例による評価を加えて行っているかを検証する。この場合において、<u>評価方法により大幅な乖離が生じる場合には、当該物件の特性や債権保全の観点からその妥当性を慎重に検討する必要がある</u>。特に、特殊な不動産（ゴルフ場など）については、市場性を十分に考慮した評価となっているかどうかを検証する。

賃貸住宅物件も賃貸ビル等の収益用不動産であることから、原則として収益還元法による評価をすべきですが、上記の下線部分を箇条書きにして、もう少しわかりやすくします。

① 原則、収益還元法による評価とする。
② 必要に応じて、原価法による評価、取引事例による評価を加える。
③ 評価方法によっては担保評価額（時価）に多額の差異が生じることがある。
④ 担保評価額（時価）に多額の差異が生じた場合には、当該賃貸住宅物件の特性や債権保全の観点から、その評価方法が適切か、評価額自体は妥当な金額かを慎重に検討する必要がある。

賃貸住宅ローンは全国のJAによる貸出金のうち16％強を占めており、収益還元法による担保評価を避けることはできません。しかし、既存の賃貸住宅ローンについて検証もせずに、慌てて収益還元法による担保評価を行ってもろくな結果は出ません。

まず、収益還元法はどういうものか、また、原価法による評価や取引事例による評価とはどのような違いがあるのか、土地価格の形成要因も含めて確認する必要があります。

収益還元法には、DCF法（ディスカウンテッド・キャッシュ・フロー法）と直接還元法の2種類があります。

一般的に利用されている方法は、DCF法です。DCF法といっても、Excelを使用することができ、高価なソフトを購入する必要はありません。

次の表に収益還元法の定義を示しています。原価法と取引事例比較法も併せて確認しましょう。

【不動産担保評価方法一覧】

区分	原価法	取引事例比較法	収益還元法
定義	価格時点における対象不動産の再調達原価を求め、この再調達原価について減価修正を行って、対象不動産の試算価格を求める手法	まず多数の取引事例を収集して適切な事例の選択を行い、これらに係る取引価格に必要に応じて事情補正および時点修正を行い、かつ、地域要因の比較および個別的要因の比較を行って求められた価格を比較考量し、これによって対象不動産の試算価格を求める手法	対象不動産が将来生み出すであろうと期待される純収益の現在価値の総和を求めることにより対象不動産の試算価格を求める手法
試算価格の名称	積算価格	比準価格	収益価格
アプローチ	コスト・アプローチ	マーケット・アプローチ	インカム・アプローチ

（出典）国土交通省「不動産鑑定評価基準　総論第7章第1節Ⅱ、Ⅲ、Ⅳ」をもとに作成

２．土地価格の種類と担保評価の検証方法

　土地や建物の不動産は、金融機関で融資業務に携わる者としては切っても切れない関係です。土地価格の種類、担保評価方法や担保評価の検証方法を理解しておくことは、融資審査、与信管理、問題債権管理、自己査定、償却・引当や税務において必要不可欠です。

　土地価格の種類については、【鑑定評価における土地価格一覧】と【公的土地価格の概要一覧】にしましたので参照してください。

【鑑定評価における土地価格一覧】

※ 時価算定の考え方・・・会計上の時価に相当するものは基本的には「正常価格」

	正常価格	限定価格	特定価格	特殊価格
定義	市場性を有する不動産について、現実の社会経済情勢の下で合理的と考えられる条件を満たす市場で形成されるであろう市場価値を表示する適正な価格	市場性を有する不動産について、不動産と取得する他の不動産との併合または不動産の一部を取得する際の分割等に基づき正常価格と同一の市場概念の下において形成されるであろう市場価格と乖離することにより、市場が相対的に限定される場合における取得部分の当該市場限定に基づく市場価値を適正に表示する価格	市場性を有する不動産について、法令等による社会的要請を背景とする評価目的の下で、正常価格の前提となる諸条件を満たさない場合における不動産の経済価値を適正に表示する価格	文化財等の一般的に市場性を有しない不動産について、その利用現況等を前提とした不動産の経済価値を適正に表示する価格
各価格を求める場合の例	市場参加者が自由意思に基づいて市場に参加し、参入、退出が自由であること 取引形態が、市場参加者が制約されたり、売り急ぎ、買い進み等を誘引したりするような特別なものではないこと 対象不動産が相当の期間市場に公開されていること	借地権者が底地の併合を目的とする売買 隣接不動産の併合を目的とする売買 経済合理性に反する不動産の分割を前提とする売買	資産の流動化に関する法律または投資信託及び投資法人に関する法律に基づく評価目的の下で、投資家に示すための投資採算価値を表す価格を求める場合 民事再生法に基づく評価目的の下で、早期売却を前提とした価格を求める場合 会社更生法または民事再生法に基づく評価目的の下で、事業の継続を前提とした価格を求める場合	文化財の指定を受けた建造物、宗教建築物または現況による管理を継続する公共公益施設の用に供されている不動産について、その保存等に主眼をおいた鑑定評価を行う場合

（出典）国土交通省「不動産鑑定評価基準第5章第3節Ⅰ」をもとに作成

【公的土地価格の概要一覧】

種類	公示価格	都道府県基準地価格	路線価（相続税評価額）	固定資産税評価額
準拠法	地価公示法	国土利用計画法施行令	相続税法	地方税法
価格決定機関	国土交通省土地鑑定委員会	都道府県知事	国税局長	市町村長
価格時点	毎年1月1日	毎年7月1日	毎年1月1日	1月1日（3年に1度評価）
公表時期	毎年3月下旬	毎年9月下旬	毎年7月上旬	基準年の4月頃（縦覧毎年4月頃）
評価の目的	・一般の土地取引の指標 ・公共用地の取得価格算定の規準	・国土利用計画法による規制価格規準 ・公示価格を補うもの	・相続税課税 ・贈与税課税	・固定資産税課税
地点数	26,000地点（平成24年）（主に都市計画区域）	22,264地点（平成24年）（都市計画区域外含む）	路線価地区すべて	課税土地すべて
実勢価格との割合	―	ほぼ公示価格同一水準	公示価格の80％程度	公示価格の70％程度

（出典）『企業会計基準適用指針第6号「固定資産の減損に係る会計基準の適用指針」第90項の図表』をもとに作成

担保評価の検証方法については、「系統金融検査マニュアル　資産査定管理態勢の確認検査用チェックリスト　自己査定（別表1）1．債権の分類方法 (4)担保による調整 ③担保評価額」の「自己査定結果の正確性の検証」において、次のような記述があります。

> 担保評価が客観的・合理的な評価方法で算出されているかを検証する。
> なお、担保評価額については、必要に応じ、評価額推移の比較分析、償却・引当などとの整合性のほか、処分価格の検証において、担保不動産の種類別・債務者区分別・処分態様別・実際の売買価額の傾向など、多面的な視点から検証を行う必要がある。
> また、担保評価においては、現況に基づく評価が原則であり、現地を実地に確認するとともに権利関係の態様、法令上の制限（建築基準法、農地法など）を調査の上で適切に行う必要があり、また土壌汚染、アスベストなどの環境条件等にも留意する。

第7章　賃貸住宅ローンのリスク管理

担保評価物件が地元だからという理由だけで、下線部分を軽視しないでください。実地で確認しないと、なかには現況を留めていないこともあります。

最近では、特に土地では土壌汚染、建物ではアスベストについて、具体的な基準は無理であっても、ガイドライン程度は担保評価規定などに盛り込むようにしましょう。

【資産査定管理態勢の確認検査用チェックリスト掲載の「特殊で難解な用語」について】

> LTV（ローン・トゥー・バリュー）とは、借入等の負債金額を資産価値で割った負債比率をいい、この数値が低いほど価格変動に対する対応力が高く、損失の発生する可能性は低いとされています。
> DSCR（デット・サービス・カバレッジ・レシオ）とは、各年度ごとの元利返済前のキャッシュ・フロー、すなわち純収益が当該年度の元利支払所要額の何倍かを表す比率のことをいい、この数値が高いほど、ローンに係る元利金支払に関する安全性が高いことを示すとされています。

（出典）平成24年4月6日　金融庁検査局「金融検査マニュアルに関するよくあるご質問（FAQ）」

3.「収益用不動産担保評価システム」

(1)「収益用不動産担保評価システム」とは

収益還元法を賃貸住宅物件に係る担保評価方法の一つに加えることにしても、実務者レベルではノウハウを持ち合せていないことのほうが多いと想定されます。また、一からノウハウを修得するにしても相当の時間を要します。

そこで、不動産鑑定士の高瀬博司先生が著した「新2版　図説　不動産担保評価の実務」（経済法令研究会）をもとに、Excelで「収益用不動産担保評価システム」を構築し、各JAで既存の賃貸住宅ローンデータでもって、すぐにでも試算できるように以下に説明しています。それに加えて、様式の入力例を125ページに掲載しているので、照らし合わせて確認してください。

(2)「収益用不動産担保評価システム」の説明

「収益用不動産担保評価システム（以下「システム」という）は、平成19年2月に改訂された「系統金融検査マニュアル」で、担保不動産の評価方法にも不動産市場を反映して収益還元法が大きく取り入れられることとなったことから、収益用不動産（アパート、貸家および貸ビルなどの賃貸不動産）の担保評価について、収益還元法と原価法の担保評価額（時価）や処分可能見込額を比較することができるようにしたものです。

系統金融検査マニュアルでは、担保評価方法として「収益還元法」の他に、必要に応じて、「原価法」と「取引事例比較法」も加えて評価する旨記載されていますが、賃貸住宅の特性から売買

事例がほとんどない「取引事例比較法」を採用するのはほとんど不可能と思われます。システムでは、「収益還元法」および「原価法」による担保評価の比較としました。

① 債務者名などの属性情報

システムの「店番」、「支店名」、「利用者番号」、「債務者名」、「貸出科目」、「取扱番号」、「当初貸付日」、「貸付期限日」、「返済期間」、「取得価格」、「当初貸付額」、「現在残高」は、『**収益用不動産明細表**』から反映させます。

② 純収益算定

「1．純収益算定」は、直近の決算年月（例えば、個人事業の場合には、平成26年度の評価に係る直近の決算年月は、平成25年12月です）の実際に入金となった収益や支払った費用を『収益用不動産明細表』から反映させます。「実際に入金になった収益や支払った費用」とは、空室による減価・賃料貸倒れ損や一時金を反映する、ということです。

③ 収益還元法による担保評価

・直近の運営純収益額

「1．純収益算定」欄の「運営純収益」を反映させます。

・割引率

割引率は、「直近の運営純収益額」を対象不動産が将来生み出す収益と考え、現在の価値（現価）に引き戻すために使用するものです。

割引率は、購入者の期待利回りを市場で調査して求めます。その数値は、理論的には、長期国債などリスクのない投資対象の利回りに不動産独自のリスクを加算したものであるといわれています。一般的には、土地は4〜6％程度、建物は6〜8％程度が用いられています（2008年8月現在）[*]。

債務者（融資見込先）は、相続や資産運用のために土地の有効活用を目的に自用地にアパートなどの賃貸建物を建築するケースが多いことから、割引率（期待利回り）は、資金調達コスト（借入金利）を保守的に勘案することで、入力例では下記のとおりとしています。

　割引率　8.0％

なお、割引率は賃貸状況の変動も考慮し、毎年見直しを行います。

・10年の複利年金現価率

10年の複利年金現価率は「割引率」に対応する複利年金現価率を入力します。

また、10年の複利年金現価率にした理由は、一般に投資物件の場合は保有期間が10年程度であることから[*]、「10年」としました。

・収益還元価額

収益還元価額算定は、毎期の定額の純収益を年金額と見立てて、これに複利年金現価率を乗

じる簡便な計算方法を採用しています。つまり、このシステムでは「直近の運営純収益額」が10年間続くと考え、収益還元価額を算定しています。

・11年後の複利現価率

　転売価格を求める場合に11年後の純収益をターミナル・レート（転売時還元利回り）で求めるため（これを永久還元法といいます）、11年後の割引率に対応する「複利現価率」を入力します。

・11年後の年間純収益額

　直近の運営純収益額に11年後の複利現価率を乗じて算定します。

・転売時還元利回り

　転売時還元利回りは、転売時期までの割引率にさらに大幅にリスク率（1～3％*）を加算します。転売時還元利回りも、毎年割引率と同様に見直すこととし、入力例では上乗せ幅は3％としています。

　　　転売時還元利回り　　11.0％

・転売価格

　転売価格は、11年後の年間純収益額を転売時還元利回りで割って求めます（永久還元法）。

・担保評価額（時価）

　担保評価額（時価）は、「収益還元価額」と「転売価格」を加算したものです（有期還元：DCF法）。

・担保掛目

　担保掛目は、通常70％です。

　ただし、債務者区分が破綻懸念先以下の場合には担保物件の任意処分ができるかどうかにより、破綻懸念先の場合は60％、実質破綻先や破綻先の場合は50％とします。

・処分可能見込額

　処分可能見込額は、担保評価額（時価）に担保掛目を乗じた金額を表示します。

④　原価法による担保評価（不動産担保明細から反映）

　原価法による担保評価については、当該収益不動産に係る貸出科目の取扱番号に符合する貸出明細に対応する「物件№」、「物件区分」、「担保評価額」、「掛目」、「処分可能見込額」へ、「不動産担保明細」から反映させます。

⑤　収益還元法と原価法との担保評価額等比較

　収益還元法と原価法による担保評価額（時価）や処分可能見込額を比較します。

　＊データ根拠：高瀬博司著「新2版　図説　不動産担保評価の実務」（経済法令研究会）
　　「割引率」と「転売時還元利回り」のレートについては、懇意にしている不動産鑑定士と改めて協議したほうが適切な判断ができると思われます。

【「収益用不動産担保評価システム」の様式の入力例】

収益用不動産担保評価システム

店番		支店名		利用者番号		債務者名	

貸出科目	証書貸付	取扱番号		当初貸付日	H18.3.16	貸付期限日	H43.9.21	返済期間	25.5年

取得価格	85,000 千円	当初貸付額	80,000 千円	現在残高	62,618 千円

1．純収益算定
（単位：千円）

項　目		25年12月
運営収益	貸室賃料収入	9,060
	共益費収入	
	水道光熱費収入	
	駐車場収入	
	その他収入	
	空室等損失	
	貸倒損失	
運営収益		9,060
運営費用	維持管理費	32
	水道光熱費	5
	修繕費	838
	プロパティマネジメントフィー	321
	テナント募集費用等	36
	公租公課	1,039
	損害保険料	232
	その他費用	128
運営費用		2,631
運営純収益		6,429
一時金の運用益		
資本的支出		
純収益		6,429

2．収益還元法による担保評価
（単位：千円）

直近の運営純収益額	6,429	… A
割引率	8.0%	
10年の複利年金現価率	6.7101	… B
収益還元価額	43,139	…C＝A×B
11年後の複利現価率	0.4289	…D
11年後の年間純収益額	2,757	…E＝A×D
転売時還元利回り	11.0%	…F
転売価格	25,067	…G＝E÷F
担保評価額（時価）	68,206	…H＝C＋G
担保掛目	70%	…I
処分可能見込額	47,745	…J＝H×I

3．原価法による担保評価（不動産担保台帳から反映）
（単位：千円）

物件No.	物件区分	担保時価額	掛目	処分可能見込額
201	土地	32,236	70%	22,565
202	建物	10,036	70%	7,025
合　計		42,272		29,590

4．収益還元法と原価法との担保評価額等比較
（単位：千円）

(1) 担保評価額（時価）の比較

収益還元法	＞	原価法
68,206		42,272

(2) 処分可能見込額の比較

収益還元法	＞	原価法
47,745		29,590

第7章　賃貸住宅ローンのリスク管理

「収益用不動産明細表」の科目と関連付けて入力します。

「1．純収益算定」欄の「運営純収益」を「直近の運営純収益額」とします。その計数をもとに「収益還元価額」欄、「11年後の年間純収益額」欄、「転売価格」欄、「担保評価額（時価）」欄および「処分可能見込額」欄については、あらかじめExcelの関数を入れて自動計算できるようにしておきます。システムの中に記載してあるＡ、Ｂ…を、自動計算の参考にしてください。

担保評価システムを利用している場合はそれから反映するか、紙ベースの場合は入力することとなります。

担保評価額（時価）や処分可能見込額の比較を行います。
この例示では、収益還元法のほうが原価法を上回っています。

(3) 収益用不動産担保評価システムの活用方法

　各JAにはいままで多くの賃貸住宅ローンの取引実績があります。また、賃貸住宅経営者は大抵青色申告しています。そこで、これまで蓄積されたたくさんの貴重な賃貸住宅ローン関連データを活用することをお勧めします。過去3年分くらいから「割引率」や「転売時還元利回り」なども変えながら試算すると、自ずと収益還元法も理解できますし、事業区域内の賃貸住宅市場も把握できます。

　このような作業自体は大変ですが、試算されたデータはJA内で収益還元法を採用するための元データともなりますし、後日行政庁検査において強力な疎明資料（エビデンス）となるのは間違いありません。

　最近は他業態の金融機関も、賃貸住宅ローンを積極的に推進しています。他金融機関からの防衛という点でも収益還元法に取り組んでいきましょう。

4．収益用不動産明細表

　「収益用不動産明細表」は、「収益用不動産担保評価システム」の説明に出てきたように、システムに入力するにあたってのもとのデータとなるものです。しかし、それだけのために作成するのではありません。

　JAの貸出金に占める賃貸住宅ローンの割合は大きく、毎年行う自己査定実務において、同じ貸出先が大口貸出先として繰り返し抽出される事例が多いと思われます。さらには、信用リスク管理の観点からも、収支状況や賃貸状況の確認が必要です。「収益用不動産明細表」は、賃貸住宅ローンの自己査定および信用リスク管理に大いに役立てることができます。

　収益用不動産はアパート、貸家および貸ビルなどを対象としています。それら収益用不動産の収支状況や賃貸状況は、周辺の経済環境や立地条件によって毎年変化します。そこで、賃貸住宅ローン利用者などから毎年決算書の徴求や現地訪問を行って、収支状況や賃貸状況を確認し、データを「収益用不動産明細表」に蓄積します。

　そして、収支状況の最新データを更新することにより、「収益用不動産担保評価システム」において「収益還元法」と「原価法」による担保評価の見直しや比較を行うことができます。

　さらには、その他のJAの業務運営にも活用できます。

　例えば、賃貸住宅経営を検討している農家組合員に対しては、検討している賃貸住宅の家賃が周辺の家賃相場と比較して妥当かどうかということを、いままで蓄積してきた多くの収益用不動産明細表のデータから、有益な助言をすることも期待できます。

　また、JAでは資産管理事業も行っていることから、「収益用不動産明細表」のデータからその収益用不動産周辺の家賃相場も把握できるという利点があります。

内容は、賃貸不動産調査管理票の「賃貸不動産明細表符号□個別賃貸不動産の収支状況・賃貸状況・賃貸不動産の概要・保全状況（個別明細その１）」とほぼ同じです。収支状況や賃貸状況も「賃貸不動産 用語の定義」と同様です。

収益用不動産明細表（賃貸アパート、賃貸マンション、貸家及び貸ビルなどを対象）

店番		店舗名		顧客番号		債務者名		
貸出科目	証書貸付	取扱番号		当初貸付日		貸付期限日		返済期間　　年
当初貸付額	円	取得価格	円	※建築場所は必ず現地を確認すること。				

当該担保　物件No.

１．収支状況
（単位：円）

	項目	年　月	年　月	年　月
	現在貸付残高			
運営収益	貸室賃料収入			
	共益費収入			
	水道光熱費収入			
	駐車場収入			
	その他収入			
	空室等損失			
	貸倒損失			
運営収益				
運営費用	維持管理費			
	水道光熱費			
	修繕費			
	プロパティマネジメントフイー			
	テナント募集費用等			
	公租公課			
	損害保険料			
	その他費用			
運営費用				
運営純収益				
一時金の運用益				
資本的支出				
純収益				
取引利回り				

※収支状況は、決算書等より記載すること。

２．賃貸状況
（単位：戸）

項目	年　月	年　月	年　月
建築戸数			
入居戸数			
入居率			
家賃保証の有無	有・無	有・無	有・無
家賃保証会社名			
家賃保証形態（簡潔に記載のこと）			

３．建築物件の概要

物件所在地（登記簿上の住所）

物件の種目	建物延面積	建物の構造	階数
	㎡		

建物竣工年月日	用途地域名	容積率	建ぺい率
年　月　日		％	％

土地の権利	土地面積	接道状況	
	㎡	前面道路状況	間口　　m

設備の引込状況及び保険付保状況

電気	水道	ガス	火災保険	地震保険

最寄り駅とその駅までの所要時間

鉄道会社	駅まで歩いて　　分

４．保全状況及び担保外資産状況
（単位：円）

項目	年　月	年　月	年　月
当JA抵当権等金額合計			
担保評価額（時価）合計			
処分可能見込額			
担保外資産合計（本人）			
本人以外の担保外資産合計			

5．収益用不動産明細表に対する不動産所得用 青色申告決算書情報の活用方法

(1) 損益計算書

次の表は、収益用不動産明細表の項目と損益計算書の科目を整合させるための対比を示しています。

これにより、収益用不動産明細表への入力事務も統一でき、適切な担保評価につなげることができます。ただし、収益用不動産担保評価システムは、賃貸アパート、貸家や貸ビルを1棟ずつ評価することとなっており、2棟以上所有している債務者の場合は、1棟ごとに賃料収入や必要経費を算定するか、床面積を按分して算定することになります。

担当者任せにせず、必ず間違いがありますから、もう一人が検証（チェック）するようにしてください。

不動産所得用　青色申告決算書　損益計算書
＜イメージ＞

平成　年分所得税青色申告決算書（不動産所得用）

住所	フリガナ 氏名	依頼税理士等	事務所所在地
職業	電話番号		氏名（名称）
			電話番号

平成　年　月　日
損益計算書　（自　月　日至　月　日）

	科目		金額（円）		科目		金額（円）
収入金額	賃貸料	①	貸室賃料収入	必要経費		⑬	
	礼金・権利金更新料	②				⑭	
		③	共益費や駐車場等の収入			⑮	
	計	④	0			⑯	
必要経費	租税公課	⑤	公租公課		その他の経費	⑰	その他費用
	損害保険料	⑥	損害保険料		計	⑱	0
	修繕費	⑦	修繕費		差引金額（④－⑱）	⑲	0
	減価償却費	⑧	返済原資としての非資金項目		専従者給与	⑳	
	借入金利子	⑨	債務償還能力判断項目		青色申告特別控除前の所得金額（⑲－⑳）	㉑	0
	地代家賃	⑩	その他費用		青色申告特別控除額（65万円又は10万円と㉑のいずれか少ない方の金額）	㉒	
	給料賃金	⑪	プロパティマネジメントフィー		所得金額（㉑－㉒）	㉓	0
		⑫			土地等を取得するために要した負債の利子の額		

「収益用不動産明細表の項目」と「損益計算書の科目」を整合させるための対比を示しています。

(2) 収入の内訳

不動産所得用の青色申告決算書のもう一つの見方として、損益計算書裏面の「不動産所得の収入の内訳」を十分確認しましょう。

自JAの賃貸住宅ローンに係る賃料収入の推移が、前年のものと比較することでわかります。

もう一つ大事なことは「不動産の所在地」に注目してください。ひょっとして、他金融機関で融資を受けている賃貸物件はないか、あるいは融資はなくても、家賃が自JAの貯金口座に振り込まれていないことが判明することもありますから、十分観察してください。

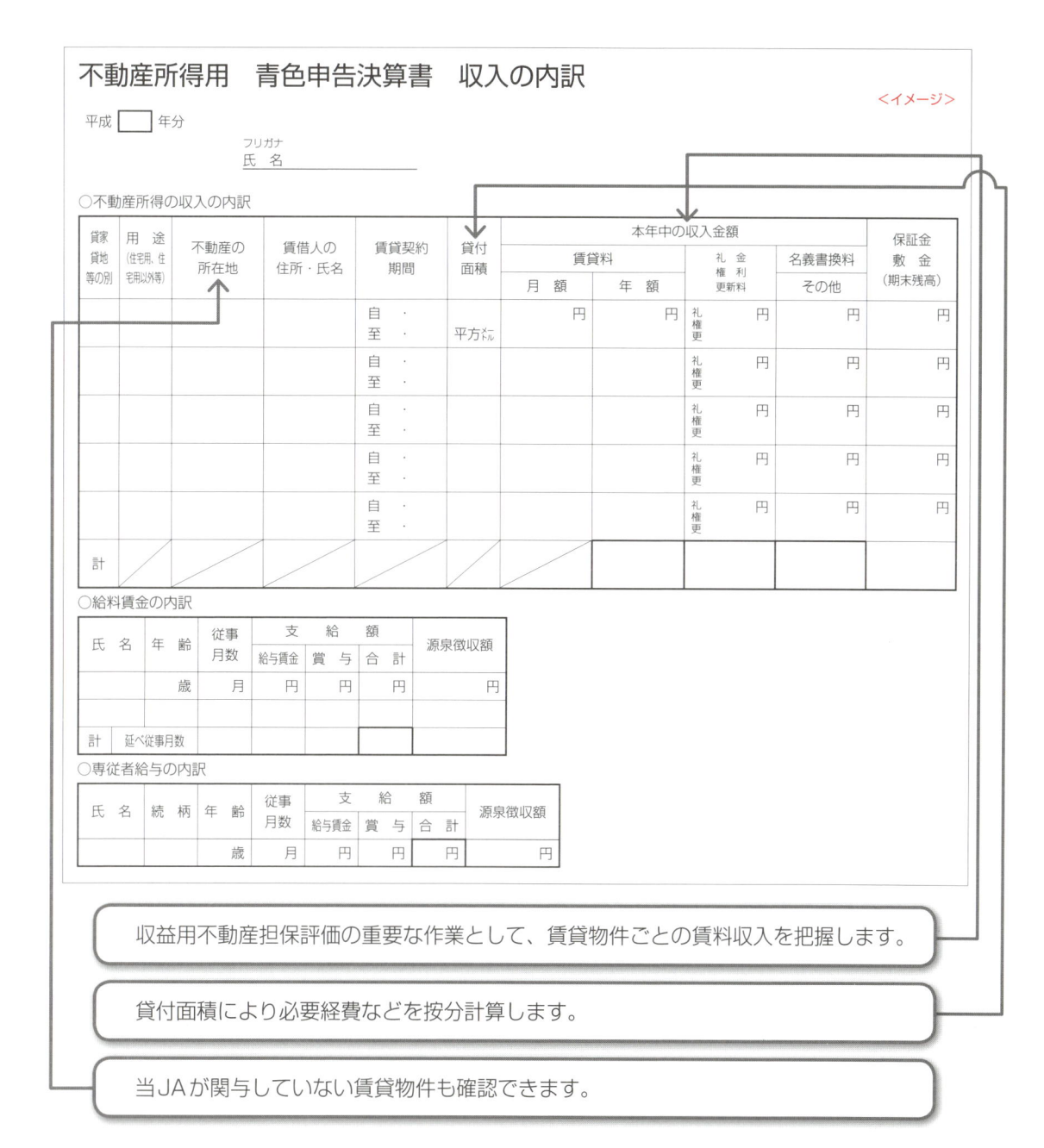

不動産所得用　青色申告決算書　収入の内訳 ＜イメージ＞

- 収益用不動産担保評価の重要な作業として、賃貸物件ごとの賃料収入を把握します。
- 貸付面積により必要経費などを按分計算します。
- 当JAが関与していない賃貸物件も確認できます。

(3) 減価償却費の計算

「減価償却費の計算」では、賃貸物件ごとの減価償却費が把握できることと、取得年月、取得価額、床面積や耐用年数などが確認できます。また、自JAで賃貸住宅ローンを利用していない賃貸物件の発見が可能で、さらにいつ取得したかがわかり、ある程度返済期間も推測できます。次の「減価償却費の計算」では、具体例を示し、その推測方法を説明しています。

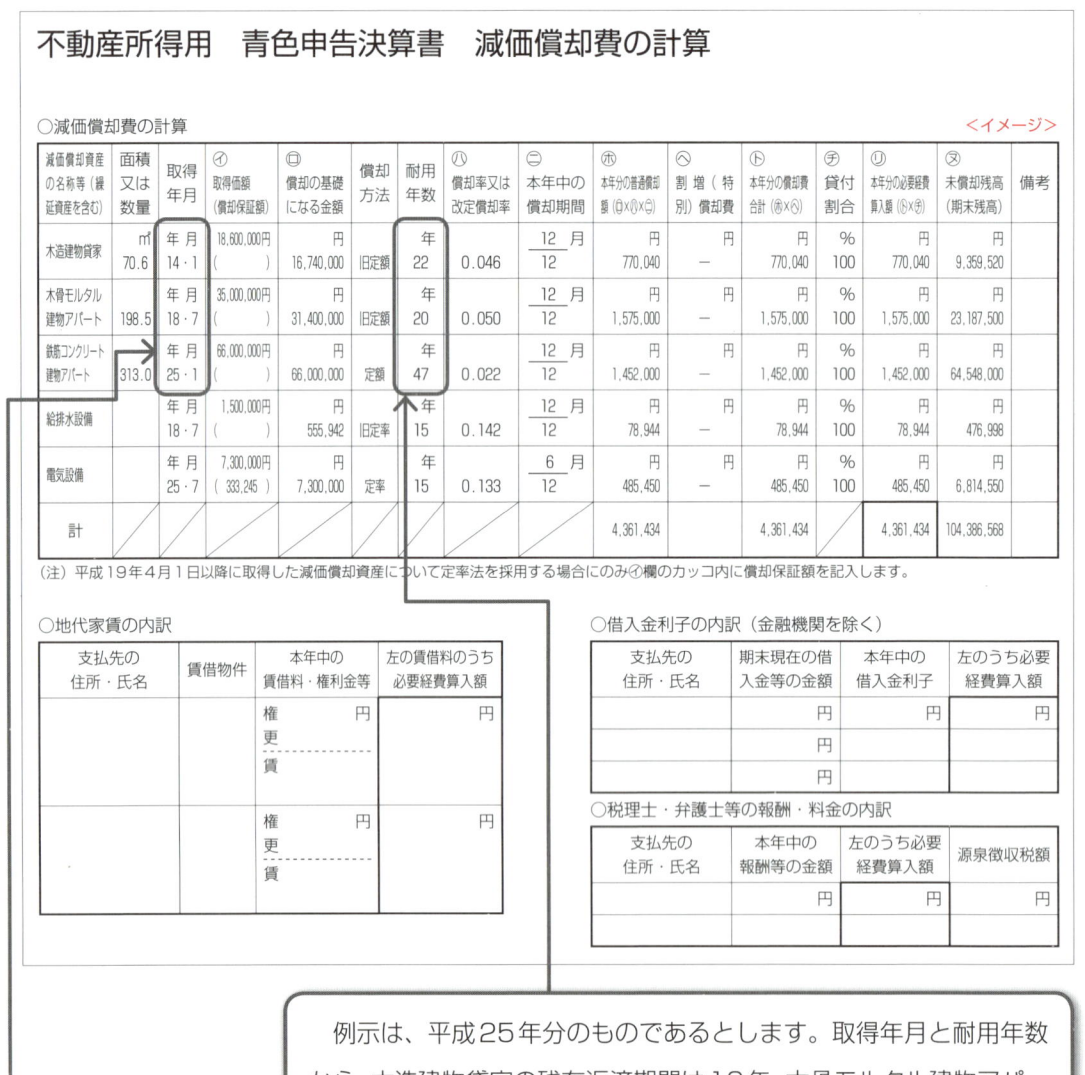

不動産所得用　青色申告決算書　減価償却費の計算

〇減価償却費の計算　　<イメージ>

減価償却資産の名称等（繰延資産を含む）	面積又は数量	取得年月	㋑取得価額（償却保証額）	㋺償却の基礎になる金額	償却方法	耐用年数	㋩償却率又は改定償却率	㋥本年中の償却期間	㋭本年分の普通償却額（㋺×㋩×㋥）	㋬割増（特別）償却費	㋣本年分の償却費合計（㋭＋㋬）	㋠貸付割合	㋷本年分の必要経費算入額（㋣×㋠）	㋦未償却残高（期末残高）	備考
木造建物貸家	㎡ 70.6	年 月 14・1	18,600,000円 (　　)	円 16,740,000	旧定額	年 22	0.046	12月 12	円 770,040	円 —	円 770,040	% 100	円 770,040	円 9,359,520	
木骨モルタル建物アパート	198.5	年 月 18・7	35,000,000円 (　　)	円 31,400,000	旧定額	年 20	0.050	12月 12	円 1,575,000	円	円 1,575,000	% 100	円 1,575,000	円 23,187,500	
鉄筋コンクリート建物アパート	313.0	年 月 25・1	66,000,000円 (　　)	円 66,000,000	定額	年 47	0.022	12月 12	円 1,452,000	円	円 1,452,000	% 100	円 1,452,000	円 64,548,000	
給排水設備		年 月 18・7	1,500,000円 (　　)	円 555,942	旧定率	年 15	0.142	12月 12	円 78,944	円	円 78,944	% 100	円 78,944	円 476,998	
電気設備		年 月 25・7	7,300,000円 (333,245)	円 7,300,000	定率	年 15	0.133	6月 12	円 485,450	円	円 485,450	% 100	円 485,450	円 6,814,550	
計									4,361,434		4,361,434		4,361,434	104,386,568	

（注）平成19年4月1日以降に取得した減価償却資産について定率法を採用する場合にのみ㋑欄のカッコ内に償却保証額を記入します。

〇地代家賃の内訳

支払先の住所・氏名	賃借物件	本年中の賃借料・権利金等	左の賃借料のうち必要経費算入額
		権 円 更 賃	円
		権 円 更 賃	円

〇借入金利子の内訳（金融機関を除く）

支払先の住所・氏名	期末現在の借入金等の金額	本年中の借入金利子	左のうち必要経費算入額
	円	円	円
		円	
		円	

〇税理士・弁護士等の報酬・料金の内訳

支払先の住所・氏名	本年中の報酬等の金額	左のうち必要経費算入額	源泉徴収税額
	円	円	円

> 例示は、平成25年分のものであるとします。取得年月と耐用年数から、木造建物貸家の残存返済期間は10年、木骨モルタル建物アパートの残存返済期間は12年、鉄筋コンクリート建物アパートは借入期間が35年が上限だとすると残存返済期間は34年と推測されます。

(4) 貸借対照表

　資産の部では、自JAの貯金残高と比較し、多ければ他金融機関へ流出している懸念があります。

　負債の部では、自JAの貸出金残高と比較し、多ければ他金融機関からの借入が想定されます。賃貸住宅ローン以外での他金融機関からの借入については、資金使途や借入理由などを確認しておいたほうがよいでしょう。もしかして、他金融機関が攻勢をかけているかもしれません。

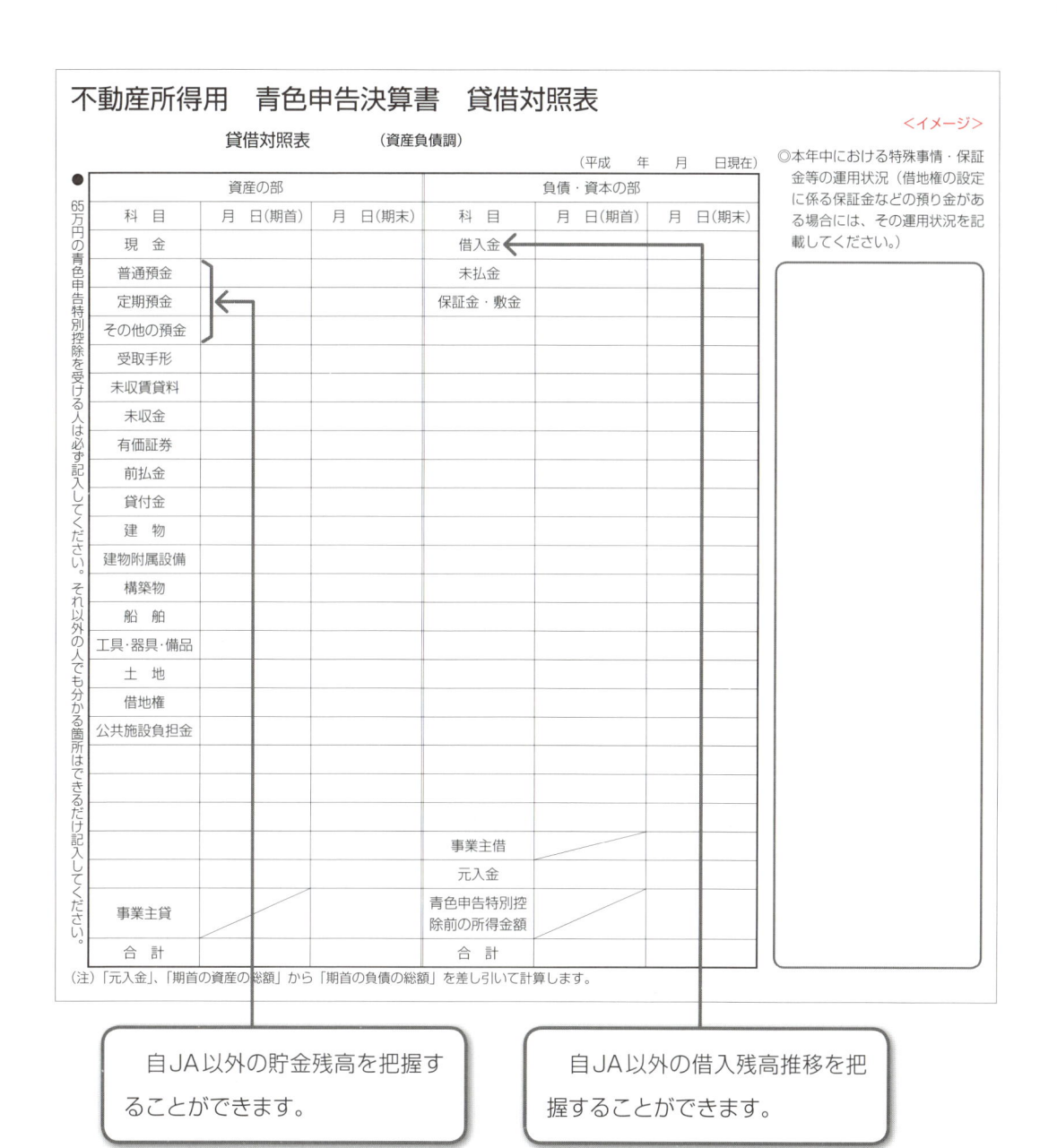

不動産所得用　青色申告決算書　貸借対照表 ＜イメージ＞

貸借対照表　（資産負債調）　（平成　年　月　日現在）

◎本年中における特殊事情・保証金等の運用状況（借地権の設定に係る保証金などの預り金がある場合には、その運用状況を記載してください。）

資産の部			負債・資本の部		
科目	月　日（期首）	月　日（期末）	科目	月　日（期首）	月　日（期末）
現　金			借入金		
普通預金			未払金		
定期預金			保証金・敷金		
その他の預金					
受取手形					
未収賃貸料					
未収金					
有価証券					
前払金					
貸付金					
建　物					
建物附属設備					
構築物					
船　舶					
工具・器具・備品					
土　地					
借地権					
公共施設負担金					
			事業主借		
			元入金		
事業主貸			青色申告特別控除前の所得金額		
合　計			合　計		

65万円の青色申告特別控除を受ける人は必ず記入してください。それ以外の人でも分かる箇所はできるだけ記入してください。

（注）「元入金」、「期首の資産の総額」から「期首の負債の総額」を差し引いて計算します。

- 自JA以外の貯金残高を把握することができます。（定期預金を指す）
- 自JA以外の借入残高推移を把握することができます。（借入金を指す）

第7章　賃貸住宅ローンのリスク管理

6．支店別・債務者別・貸出明細別の賃貸不動産明細表

収益還元法と原価法による担保評価結果を「支店別・債務者別・貸出明細別の賃貸不動産明細表」として作成したものです。

収支や地域などの諸要因も加味するなどいろいろな角度から分析した結果を一覧することで、自JA経営陣や上級管理職の方々にも認識していただくことが最も重要です。

支店別・債務者別・貸出明細別の賃貸不動産明細表

平成　年12月末現在　　　　　　　　　　　　　　　　　　　　　　　　　　　　　　　　　（単位：㎡、千円）

支店名	利用者番号	債務者名	住所		貸出取扱番号	当初貸出日	貸出期限	当初貸出額	現在貸出残高	物件名称	所在地	
都市計画上の区域	地目（市街化調整区域内は※印）	面積	取得年月	取得価格	簿価（直近決算期）	入居率の比較		月額家賃比較		原価法担保評価額（時価）	収益還元法担保評価額（時価）	原価法の処分可能見込額	収益還元法の処分可能見込額
						当該物件	近隣相場	当該物件	近隣相場				
債務償還能力（キャッシュ・フロー）			年間元利返済額			債務償還能力判断		備　考				
運営収益	運営費用	運営純収益	元　金	支払利息	小　計							
○○支店	1234567	JA太郎	○○市△△1丁目1番地		987654	H17.10.10	H47.9.21	300,000	232,689	レジデンス	○○市・●2丁目4番地	
住居区域	宅地	1234.50	17年10月	300,000	220,000	90.0%	88.0%	100	95	165,000	238,000	115,500	167,000
30,000	10,000	20,000	9,000	3,600	12,600	返済可		（例示）				

（注）1．賃貸用不動産を有する先について作成すること。
　　　2．当該物件に対する与信の有無に拘わらず、債務者が保有するものを極力網羅すること。
　　　3．入居率比較及び月額家賃は、資産管理事業部門からのデータを引用すること。

第7章 賃貸住宅ローンのリスク管理

第8章　住宅ローンのリスク管理

(▶演習問題は189ページ)

第1節　住宅ローンにおける金融円滑化対応と利用者保護

1．住宅ローンにおける貸付条件変更申込件数と貸出金残高

　農漁協の住宅ローン貸出金残高に対する貸付条件変更申込の割合は1.3%です。出典先が異なることから、多少の差異があるのは確かにわかりますが、それにしても他の業態に比べて低いといわざるを得ません。この割合が常日頃の真摯な取組みでの結果であれば問題はありませんが、そうでない場合には早急に改善策を講じる必要があります。

　金融庁が平成25年9月6日に公表した「平成25事務年度　中小・地域金融機関向け監督指針」の「住宅ローンに関する取組み」は、次のとおりです。

> ア．顧客の理解と納得を得るために、将来の金利の変動の可能性を含め住宅ローンの商品性について適切かつ丁寧な顧客説明に努めることを求めていく。
> イ．顧客への適切かつ丁寧な説明態勢の構築が図られているかについて確認する。
> ウ．顧客の将来にわたる無理のない返済を念頭に置きつつ、顧客の経済状況等実態に応じたきめ細かな融資判断を通じた資金供給の円滑化を促していく。
> エ．債務者から条件変更等の申し出があった場合に、当該債務者の経済状況等を十分踏まえた適切な対応を行っているか等について確認する。

　ところでなぜ、自己査定をテーマとした本書で「金融円滑化と利用者保護」を解説するのでしょうか。

　系統金融検査マニュアルの金融円滑化編チェックリストでは、住宅ローンに関する与信審査・利用者説明・与信管理について記載されています。

　同マニュアルの利用者保護等管理態勢の確認検査用チェックリストの利用者説明態勢では、住宅ローン契約についてとそれに関連する与信取引に関する利用者説明が記載されています。

　これら2つのリスクカテゴリーが、信用リスク管理態勢の確認検査用チェックリストの債務者の実態把握に基づくリスク管理につながり、住宅ローン債務者から貸付条件変更申込があった場合には危険信号となって、信用リスク管理を強化しなければならないことになります。

　そして信用リスクを管理するための手段である「自己査定」へと関連付けされて、債務者区分を要注意先以下にせざるを得ない状況となります。

【平成25年3月末　中小企業金融円滑化法に基づく貸付条件の変更等の状況　債務者が住宅資金借入者である場合】

(上段は件数、下段は金額、単位：億円)

	都銀・信託銀行他	地域銀行 (地銀＋第二地銀)	農協・漁協 (機関数：858)	信用金庫	信用組合	労働金庫
申込み (A)	67,411	150,682	6,971	71,145	11,822	13,053
	12,434	22,723	913	10,240	1,720	1,769
実行 (B)	56,678	116,728	5,233	59,767	10,118	10,597
	10,485	17,747	682	8,673	1,492	1,435
謝絶 (C)	4,308	12,189	515	4,176	693	1,230
	813	1,801	65	597	96	170
実行率① (B)／(B)＋(C)	92.9%	90.5%	91.0%	93.5%	93.6%	89.6%
	92.8%	90.8%	91.3%	93.6%	94.0%	89.4%
実行率② (B)／(A)	84.1%	77.5%	75.1%	84.0%	85.6%	81.2%
	84.3%	78.1%	74.7%	84.7%	86.7%	81.1%

(注) 法施行日の平成21年12月4日から平成25年3月31日までの間の貸付条件の変更等の状況です。
(出典) 平成25年8月7日　金融庁「中小企業金融円滑化法に基づく貸付条件の変更等の状況について」をもとに作成

【平成25年3月末現在の住宅ローン貸出金残高】

(単位：億円未満四捨五入)

	都銀・信託銀行他	地域銀行 (地銀＋第二地銀)	農協・漁協 (機関数：858)	信用金庫	信用組合	労働金庫
件数(件)	1,962,813	3,632,176	538,665	1,012,207	157,169	763,554
残高(億円)	425,628	528,004	72,162	131,219	17,762	103,860

(出典) 平成26年3月　国土交通省住宅局「平成25年度　民間住宅ローンの実態に関する調査結果報告書」をもとに作成

【平成25年3月末時点での住宅ローン貸出金残高に対する貸付条件変更申込の割合】

(単位：件数)

	都銀・信託銀行他	地域銀行 (地銀＋第二地銀)	農協・漁協 (機関数：858)	信用金庫	信用組合	労働金庫
申込み(A)	67,411	150,682	6,971	71,145	11,822	13,053
貸出金残高(B)	1,962,813	3,632,176	538,665	1,012,207	157,169	763,554
割合(A)／(B)	3.4%	4.1%	1.3%	7.0%	7.5%	1.7%

第8章　住宅ローンのリスク管理

2．JAらしい与信管理と利用者説明

　自己査定の観点から、当初の住宅ローン契約よりJAが不利となるような相談を受けた時点で、黄信号が灯ったということとなり、今後の住宅ローン返済状況を注視していくと同時に、債務者区分は「要注意先」以下に判断せざるを得ません。なお、この点については、他の個人向けローンや農業融資も同様です。

　たとえ約定どおり1日の遅れもなく返済されていたとしても、なかには親戚や消費者金融会社などから借金をして住宅ローン返済に充てる生真面目な債務者も存在します。それがうまく回転していれば表面化せずに過ぎていきますが、例えば、債務者本人や家族が病気を患い治療費がかさんでくると、住宅ローン返済のお金まで回すことができなくなり、それらがきっかけで人生の歯車が狂いはじめ住宅ローン返済だけでなく、家庭生活まで破たんすることになりかねません。

　支店等の窓口や担当者は、そういう相談があれば「住宅ローン家計収支実態調査相談票」などを利用して、まずは債務者のマネードクターとなって家計診断をしつつ、今後の返済方法について親身になって相談にのってください。それこそが地域金融機関としてのJAの役割です。

　金融円滑化→信用リスク管理→自己査定がリンクするなかで、当初の返済期間より長くなり債務者区分もよくて「要注意先」となりますが、適切なアドバイスとスピーディーな手続により債務者からのJAへの信頼感を増すことができれば、住宅ローン返済に係る優先度合は高まり、それによって債権の不良化率を抑制することにつながります。

3．「住宅ローン家計収支実態調査相談票」の作り方

　「住宅ローン家計収支実態調査相談票」を作ることで、家計診断を行うことができます。

　ヒアリングする担当者の心構えとして、債務者はJAにとって不利な条件を相談することに心苦しい気持ちであることを察し、JAのお客様であるという立場を尊重したうえで、住宅ローン利用者が話しやすい雰囲気を作りながら本音をできるだけ聞き取りできるようにしましょう。

> 調査時金額欄：現在の家計収支を記入します。当然マイナスとなることを確認します。
> 申出金額欄：住宅ローン利用者が希望する返済負担軽減後の金額を記入します。この時点で家計収支はプラスとなりますが、これはあくまで希望であり、正式に受け付けたものではないことを住宅ローン利用者へはっきりと回答してください。
> 実態調査相談項目欄：例えば、収入では今後の見込み、支出では節約できる費用があるかどうかなど、担当者だけでなく上司も含めて検討して実態調査の判断理由を記入します。
> 調査後金額欄：実態調査の結果を反映した金額を記入したうえで、条件変更の申請をします。

住宅ローン家計収支実態調査相談票

支店名		利用者番号		貸付番号		債務者名	

住宅ローン現在残高	円	うち毎月返済元金残高	円	毎月返済元利金	円
		うちボーナス返済元金残高	円	ボーナス返済元利金	円

毎月の世帯収支、住宅ローン返済および関連支出並びに家計収支

(単位：千円)

区 分	備 考	調査時金額	申出金額	実態調査相談項目	調査後金額
世帯主収入	手取り収入（年金受給者＝月額手取額）				
配偶者収入	手取り収入（年金受給者＝月額手取額）				
その他収入	手取額				
家計収入計 ①					
食 費					
光熱費					
衣服費					
教育費	１ヵ月当たり授業料、教育ローン毎月元利返済額				
保険料	生命共済や損害共済の１ヵ月当たり掛金				
車関連費用	ガソリン代、自動車税（月割り）、マイカーローン毎月元利返済額				
交際費					
娯楽・レジャー費					
税 金	固定資産税（月割り）				
ローン返済	住宅、教育およびマイカー以外の毎月元利返済額				
その他支出					
世帯支出計 ②					
世帯収支 ③＝①－②					
住宅ローン	毎月元利返済額				
地 代	戸建住宅の敷地（底地）の借地代				
維持管理費	分譲マンションなど				
修繕積立費	分譲マンションなど				
駐車場代	分譲マンションなど				
住宅ローンおよび関連支出 ④					
家計収支 ⑤＝③－④					
世帯主賞与	年間ボーナス手取額				
配偶者賞与	年間ボーナス手取額				
世帯賞与 ⑥					
住宅ローン	年間ボーナス時元利返済額				
その他ローン返済	教育やマイカーなどのボーナス時元利返済額				
賞与時返済 ⑦					
賞与時収支 ⑧＝⑥－⑦					
年間家計収支 ⑨＝⑤×12ヵ月＋⑧					

第8章 住宅ローンのリスク管理

4.「個人経営（家族経営）の農業者の実態に沿った資金繰り実績表」の作り方

　農家組合員債務者が住宅ローンやその他融資を借入れしている場合には、「個人経営（家族経営）の農業者の実態に沿った資金繰り実績表」を作成し、マニュアル別冊に掲載されているように、JAによる「債務者への働きかけ」をしてください。

　「資金」とは、手元にある現金のことです。損益計算書では、まだ入金のない状態であっても売上を計上しますが、「資金繰り実績表」では、実際に入金のあった収入と支払った経費だけを計上します。この表を作成することにより、業況が順調にみえても、手元に資金がない、という事態が発覚するかもしれません。

　このような状態を資金繰りリスクがあるといいます。なぜなら、例えば事業会社の場合、万が一資金ショート（不足）が発生すれば、その事業会社は倒産の憂き目にあうからです。そうならないよう、常日頃から資金繰り計画（資金の出入り予想）を行っているのです。個人経営（家族経営）の農業者にとっても資金繰りは大切です。他人を雇っていたら、毎月一定日には給料をきちんと支払わないといけません。

　また、農業の場合には卸小売業や製造業などと違い定期的に収入があるわけではなく、営農類型によっては年に1回しか収入がなく、あるいは、最悪の場合には自然災害により収入が途絶えるリスクさえあります。「資金繰り実績表」は月ごとの収支を記載しますので、このような年間を通じた資金の流れを読み取ることができます。

　このように、「資金繰り実績表」の作成は農業者の経営実態の把握に役立ちます。さらに、資金繰り実績を蓄積したデータをもとに「資金繰り計画（予定）表」を作成することも可能です。

　「資金繰り実績表」の作成は、JA担当者にとっては面倒かもしれませんが、農家組合員債務者の「収入・支出明細表」などをみながら資金繰り実績表の作成を手伝うことでその農業者の経営実態を肌で感じることができます。また、過去1年間の資金繰り実績表を農家組合員債務者の自宅で膝を突きあわせて相談することでお互いの理解が深まります。農家組合員に寄り添い親身になって相談にのることは、JAらしい与信管理といえます。

> 　農家組合員の場合、農作物の販売代金受取や経費支払を自JAの貯金口座を通じて行っていることから、口座の入出金取引実績をもとに転記することができます。

個人経営（家族経営）の農業者の実態に沿った資金繰り実績表

支店名　　　　利用者番号　　　　農家組合員債務者　　　　営農類型

(単位：千円)

科　目			1月	2月	3月	4月	5月	6月	7月	8月	9月	10月	11月	12月
前月現金残高　（A）														
販売収入	部門	水稲（コメ）												
		野　菜												
		果　樹												
		牛乳売上												
		肉牛売上												
	雑収入													
小　計														
貯金引出額														
借入額（　　　）														
収入金額　（B）														
経費	租税公課													
	素畜費													
	肥料費													
	飼料費													
	農具費													
	農薬衛生費													
	諸材料費													
	修繕費													
	動力光熱費													
	作業用衣料費													
	農業共済掛金													
	荷造運賃手数料													
	雇人費													
	地代・賃借料													
	土地改良費													
	雑　費													
	経費計　（C）													
毎月元利返済額　（D）														
専従者給与　（E）														
当月現金残高　（F） E＝A＋B－C－D－E														

第8章　住宅ローンのリスク管理

5．「個人経営（家族経営）の農業者の実態に沿った経営改善計画書」の作り方

(1) 貸出条件緩和債権に該当しない場合

　貸出条件緩和債権の定義は、系統金融機関向けの総合的な監督指針のリスク管理債権の開示【共通】に定められています。そこには、「債務者が実現可能性の高い抜本的な経営再建計画を策定しない場合であっても、債務者が農林漁業者、中小・零細企業であって、かつ、貸出条件の変更を行った日から最長1年以内に当該経営再建計画を策定する見込みがあるときには、当該債務者に対する貸出金は当該貸出条件の変更を行った日から最長1年間は貸出条件緩和債権には該当しないものと判断して差し支えない」と記載されています。

(2) 経営再建計画策定の留意点

　経営再建計画策定の留意点は、次のとおりです。

> ① 農家組合員債務者の農業経営能力、営農技術、販売力（JA仲介や直販）等を勘案して作成しているか。
> ② 過去2期分の営農実績を踏まえた計画となっているか。
> ③ 今後の収支見込みや借入金の返済計画は妥当かどうか検討し、当該計画が合理的かつ実現可能性が高いと認められるものとなっていること。
> ④ 計画年数は原則として概ね5年以内であるが、5年超10年以内であっても経営改善計画等の進捗状況が概ね計画どおり推移すると見込める場合であれば差し支えない。

個人経営（家族経営）の農業者の実態に沿った経営改善計画書

支店名		利用者番号		債務者名	

（単位：千円、年）

	H　年12月期	H　年12月期	1年目 H　年12月期			2年目 H　年12月期		
			計画	実績	達成率(%)	計画	実績	達成率(%)
農業粗収益								
農業経営費								
農業所得								
農外所得								
農家所得								
年金等の収入								
農家総所得								
租税公課諸負担（租税公課）								
可処分所得								
推計家計費								
農家経済余剰								
▲専従者給与								
貸倒引当金戻入額								
減価償却費								
農家組合員債務者自身の債務償還財源（返済財源）								
借入金＋購買未払金								
債務償還年数								

（経営改善実行するにあたっての補足説明）	（改善策）	（改善策）
	（実績検証）	（実績検証）

第8章　住宅ローンのリスク管理

　例えば、債務者である農業経営者自身が経営改善するにあたってどのようなことに留意して営農していくか、その決意表明の内容などを記載します。

　また、当JAとしては、債務者に対する金融や営農指導など総合事業体の強みを活かした支援策などについて記載します。

　毎期、営農面についてのテーマを一つでもよいので入れるようにします。

　農業粗収益が計画の8割以上を満たしていてもいなくても、その実績についての良いことや悪いことを記載します。

第2節　自己査定に係る留意点

1．住宅ローンを簡易査定先とする意義

(1) 簡易基準とは

　住宅ローンなどの個人向けの定型ローンや、農業者向けの小口定型ローンについては、延滞状況等の簡易な基準により債務者区分判断のうえ、分類を行うことができます。

　ただし、名寄せにより、事業専従者などは主たる債務者の債務者区分を考慮する場合もあります。

【例示：延滞状況等による債務者区分】

延滞状況等	債務者区分	分類
延滞なし*	正常先	非分類（Ⅰ分類）
3ヵ月以内の延滞	要注意先	保全等を考慮して非～Ⅱ分類
3～6ヵ月の延滞	破綻懸念先	保全等を考慮して非～Ⅲ分類
6ヵ月以上の延滞で、回収見込みのない先**	実質破綻先	保全等を考慮して非～Ⅳ分類
法的、形式的な破たんの発生	破綻先	保全等を考慮して非～Ⅳ分類

　*　　早期解消が見込める1ヵ月程度の延滞で、常習性が認められない場合も含めることが可能です。
　**　債務者が行方不明の場合も含みます。

【簡易基準の対象となるローンや融資の種類】

対象先	ローンや融資の種類
個人向けの定型ローン	住宅ローン
	マイカーローン
	教育ローン
	カードローン
	フリーローン
農業者および中小・零細事業者向けの定型ローン	農業近代化資金
	農業経営ローン
	担い手応援ローン
	農業改良資金
	新規就農応援資金

(2) 保証条件が履行されていない場合

　自己査定において、延滞状況等の簡易な基準で債務者区分を判定できる個人向けの定型ローンの代表格は、住宅ローンです。特に、農業信用基金協会などの優良保証付住宅ローンは、債務者区分が法的・形式的破たんの破綻先となったとしても保証範囲までは非分類となり、償却・引当の必要はありません。ところが、保証条件を履行していないことが明確になると、債務者区分が破綻懸念先以下となった場合には、不動産担保があったとしても新たに償却・引当を行う必要があります。だからこそ、JAは簡易査定先のメリットを十分活かすよう正確な事務処理をしないといけません。では、保証条件履行の場合と保証条件不履行の場合の例をあげて説明します。

設例

基金協会保証付住宅ローン　5,000万円、担保評価額（時価）　4,000万円
処分可能見込額掛け目　要注意先70％、破綻懸念先60％、（実質）破綻先50％

債務者区分	保証条件履行の場合	保証条件不履行の場合
要注意先	非分類	Ⅱ分類5,000万円
破綻懸念先	非分類	Ⅱ分類2,400万円、Ⅲ分類2,600万円
（実質）破綻先	非分類	Ⅱ分類2,000万円、Ⅲ分類2,000万円、Ⅳ分類1,000万円

　次の農協検査（3者要請検査）結果事例集における事例は事業資金に係る保証条件が履行されていない事例ですが、住宅ローンに関しても参考になります。

【農協検査結果事例集に掲載されていた保証条件が履行されていない事例（事業資金）】

(1) 保証条件が履行されていない事例として、「相続に伴う根抵当権物件の所有権移転登記」に係る留意点
　① 相続債務の承継
　　ア．融資先が死亡すると相続が開始し、債務は相続人に承継されます。
　　イ．相続人が複数の場合には共同相続となり、原則として被相続人の積極財産・消極財産のすべてを各相続人が法定相続分に応じて相続し、融資金も相続分に応じて各相続人が分割承継することになります。
　　ウ．したがって、JAは相続分に応じて分割された債務の履行を各相続人に対して請求することができます。しかしながら、この債務が分割された状態での債権管理は、支店実務上煩雑となるなど好ましくないので、通常は、重畳的債務引受や免責的債務引受

　　　　　などを利用して、例えば、事業を承継する相続人に一本化する手続を行います。
　　② 保証・担保への影響
　　　ア．相続開始時点で、死亡した融資先が負担していた債務のための人的担保・物的担保は、附従性によりその債務が消滅しない限り影響を受けることなく存続します。
　　　イ．たとえ、相続人全員が相続放棄や限定承認をした場合でも消滅しません。
　　　ウ．ただし、根抵当権債務者が死亡したときは、相続開始後6ヵ月を経過すると、当該根抵当権は相続開始時にさかのぼって確定し、相続開始時に被相続人（債務者）が負担していた債務のみを担保する根抵当権となります。
　　　エ．根抵当権を確定させることなく根抵当取引を継続したいのであれば、相続開始後6ヵ月以内に根抵当権者のJAと根抵当物件の所有者全員との間で、ａ．相続による債務者の変更登記と、ｂ．相続人のなかで債務者の地位を承継する者を定める合意の登記を行います。
　　　オ．それによって、相続開始時に融資先（債務者）が負担していた債務のみならず、相続開始後に合意の債務者との取引によって生じた債務が担保されることになります。
(2) 保証条件が履行されていない事例として、「共同担保物件の追加」に係る留意点
　　① 建物を新築する場合に、まず更地に抵当権を設定し、建物竣工（完成）時にその新築物件に抵当権を追加登記することで共同担保物件となります。
　　② 更地に抵当権を設定した後に、抵当地上に建物が築造されたときは、抵当権者は、土地とともにその建物を競売することができます。ただし、その優先権は土地の代価についてのみしか行使することができません。
　　③ したがって、担保権者であるJAは、建築工事の進捗状況を正確に把握しておかなければなりません。

(3) **農業信用基金協会保証付融資の保証条件に係る履行状況の管理方法**

　次の図表は、農業信用基金協会保証付融資の保証条件のみならず、プロパー融資でも活用できる『融資条件履行管理簿』です。

　保証条件などの債権管理については1年を超えるものもあることから、備忘録として管理簿に記録し、異動しても失念しないように引継ぎの徹底をしなければなりません。

　与信管理部門は、毎月『融資条件履行管理簿』のコピーを支店から送付させて、保証条件や融資条件が融資りん議書どおりに履行しているか否か検証しなければなりません。それを行うためには与信管理部門が融資りん議書の保証条件や融資条件を記載している部分を突合するためにコピーを保存しておくことが必要です。

　支店担当者が組合員加入手続を失念し保証条件の履行を怠ったことから、代位弁済請求を取下げしたという事例については、『融資条件履行管理簿』によりきちんと管理しておけばこういう事態には至らなかったでしょう。

しかし、それ以前に組合員加入が確認できなければ実行オペレーションできないような融資システムの構築も検討すべきです。

【融資条件（協会保証条件）履行管理簿】

支店名	顧客番号	債務者名	貸出科目	取扱番号	貸付金額	当初貸出日	履行予定日	経過確認日	経過確認日	履行期限日

融資条件（協会保証条件）	担当者印	役席者印	支店長印	審査課長	金融部長	担当役員

2．金融庁からみる住宅ローンに関するリスク管理態勢

　住宅ローンに関しては、他業態との対抗上、ますます新規のローン利用者を獲得するべく低金利による競争が激化している状況です。新規住宅ローン獲得後は、よくいわれる「複合取引」を推進して貯貸並進取引でバランスのよい総合取引を目指すことが大切です。

　その競争激化のあおりで自己資金がなくても住宅ローンを利用しやすくなったのは間違いありませんが、自己査定ではかなり警戒をしなければならない先でもあります。初期延滞が発生した場合、素早く債務者へ督促し、そのときにそれとなく理由を尋ね、直感でもよいから怪しいと感じたならば、改めて金銭消費貸借契約証書、抵当権設定契約証書や意思確認記録書など点検して、保証機関から保証否認されないようにします。

　最近はJAでも「9大疾病補償付住宅ローン」を開始するなど住宅ローン商品自体が複雑かつ多様化しています。JAでは、次の「中小・地域金融機関向け監督指針」や「系統金融検査マニュアル」にあるように、厳正かつ堅確な事務処理を心がけるように、十二分に注意しなければなりません。

【金融庁からみて、JAが住宅ローンに関して、注視すべきリスク管理
「平成25事務年度　中小・地域金融機関向け監督指針」（平成25年9月6日公表）より】

- 延滞状況等の管理
- 貸出金利低下等による採算割れとなっていないかの確認
- 繰上返済の発生状況
- 与信時から一定期間経過後にデフォルトが発生する特性等を勘案したリスク管理

【系統金融検査マニュアル オペレーショナル・リスク管理態勢の確認検査用チェックリスト 別紙1
1．各業務部門及び支所（支店）等における事務処理態勢】

(1)【各業務部門の管理者及び支所（支店）長の役割】
　(ⅰ) 事務処理について生じる事務リスクを常に把握しているか。
　(ⅱ) 適正な事務処理・事務規程の遵守状況、各種リスクが内在する事項についてチェックを行っているか。
　(ⅲ) 精査・検印担当者自身が業務に追われ、精査・検印が本来の機能を発揮していないことがないように努めているか。
　(ⅳ) 担当する各業務部門又は支所（支店）等の事務処理上の問題点を把握し、改善しているか。
　(ⅴ) 特に便宜扱い等の異例扱いについて、厳正に対処しているか。
　(ⅵ) 事務規程外の取扱いを行う場合については、事務統括部門及び関係業務部門と連携のうえ責任をもって処理をしているか。

(2)【厳正な事務処理】
　(ⅰ) 事務処理を、厳正に行っているか。
　(ⅱ) 精査・検印は、形式的、表面的であってはならず、実質的で厳正に行っているか。
　(ⅲ) 現金事故は、発生後直ちに各業務部門の管理者又は支所（支店）長へ連絡し、かつ事務統括部門・内部監査部門等必要な部門に報告しているか。
　(ⅳ) 便宜扱い等の異例扱いについては、必ず各業務部門の管理者、支所（支店）長又は役席等の承認を受けた後に処理しているか。
　(ⅴ) 事務規程外の取扱いを行う場合には、事務統括部門及び関係業務部門と連携のうえ、必ず各業務部門の管理者又は支所（支店）長の指示に基づき処理をしているか。

3．住宅ローンの収支管理と損益分岐点管理

　住宅ローン単品では、はっきりいって儲かりません。それをイメージとして描いているのが【住宅ローンの収支管理と損益分岐点管理】です。

　お客さまが窓口へ来店され、住宅ローンの相談をされる時間は1～2時間程度かかります。その間、住宅ローン担当者の人件費や光熱費などの経費は容赦なくかかってきます。その案件が後日住宅ローン実行で実を結べば相談の効果はあったといえます。ところが、住宅ローンだけでな

く貸出金すべてそうですが、融資は元利金全額回収により業務を完了します。

　実行した住宅ローンが貸出経過期間を問わず延滞しその都度督促や訪問面談を繰り返したりすると、管理コストが増大しますが、元々収益性が低い特性があることを勘案すると、これをカバーするためには総合取引等の推進が不可欠です。例えば、JAとしては給与振込や公共料金自振契約、家族との貯金取引、マイカーローン、教育ローンや年金振込口座指定などの家計のメイン化取引推進はもちろんのこと、購買事業や高齢者福祉事業などJAならではの強みを活かした総合取引を推進すべきです。

　それによりJAへの親密さも増して、住宅ローンも約定どおり返済され、債務者区分も毎期正常先を維持・継続することも期待できます。

【住宅ローンの収支管理と損益分岐点管理】

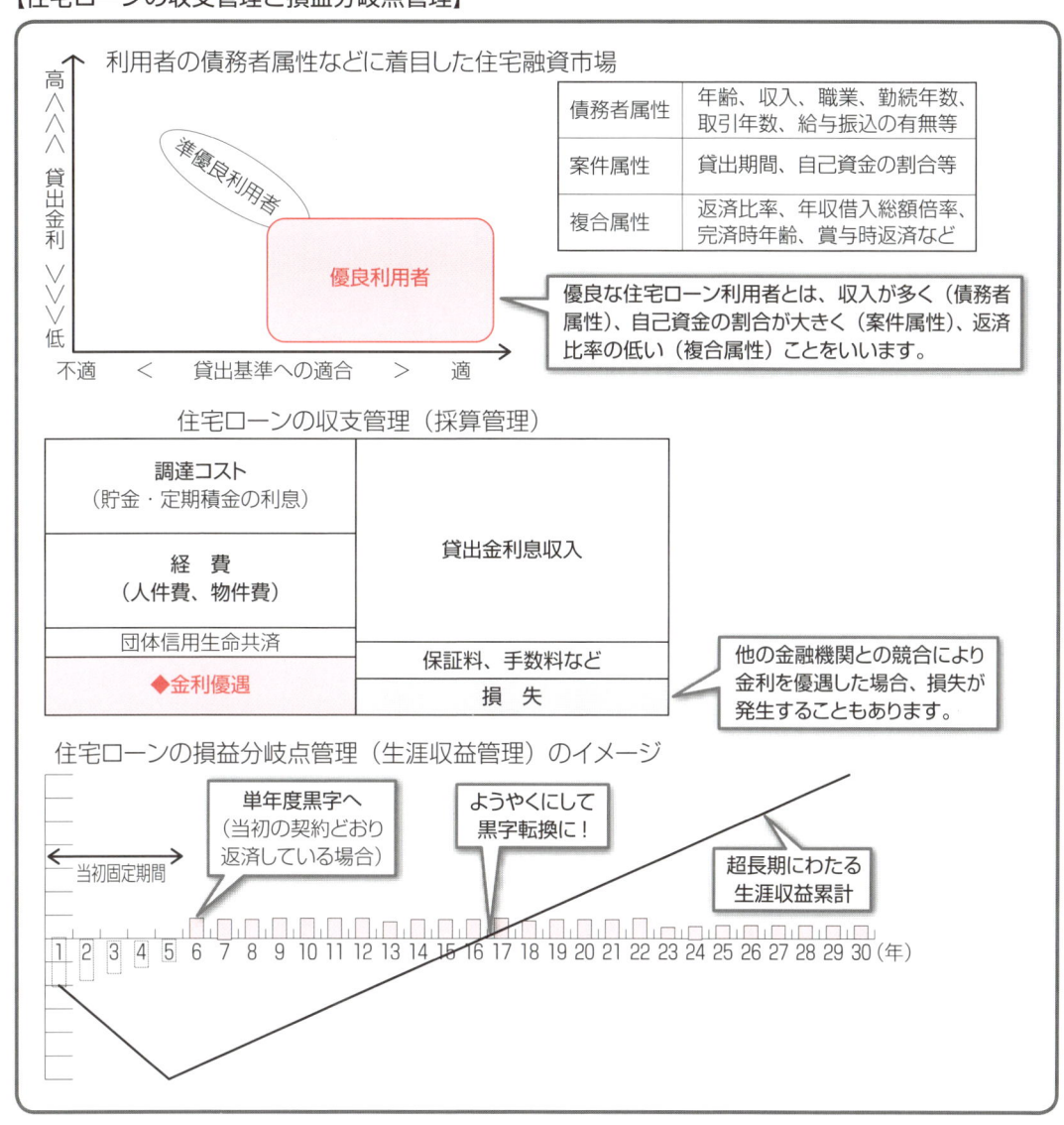

利用者の債務者属性などに着目した住宅融資市場

債務者属性	年齢、収入、職業、勤続年数、取引年数、給与振込の有無等
案件属性	貸出期間、自己資金の割合等
複合属性	返済比率、年収借入総額倍率、完済時年齢、賞与時返済など

優良な住宅ローン利用者とは、収入が多く（債務者属性）、自己資金の割合が大きく（案件属性）、返済比率の低い（複合属性）ことをいいます。

住宅ローンの収支管理（採算管理）

調達コスト（貯金・定期積金の利息）	貸出金利息収入
経　費（人件費、物件費）	
団体信用生命共済	保証料、手数料など
◆金利優遇	損　失

他の金融機関との競合により金利を優遇した場合、損失が発生することもあります。

住宅ローンの損益分岐点管理（生涯収益管理）のイメージ

単年度黒字へ（当初の契約どおり返済している場合）
ようやくにして黒字転換に！
超長期にわたる生涯収益累計
当初固定期間
1 2 3 4 5 6 7 8 9 10 11 12 13 14 15 16 17 18 19 20 21 22 23 24 25 26 27 28 29 30（年）

4．訪問・面談記録は、正常な住宅ローン返済時から

　長期にわたり延滞している債務者や問題が発生している債務者等との交渉記録を残す仕組みが整備されていないことから、支店等において事後的な検証ができず、問題点や責任の所在が不明な案件について、長期間延滞が継続している、との「農協検査（3者要請検査）結果事例集」からの指摘事例がありました。

　問題債権の管理における交渉記録の仕組みづくりについては、本書では信用事業、経済事業や営農指導事業など各事業部門が情報を交換・共有するよう勧めてきました。問題債権の交渉記録も、既述の「組合員等利用者　訪問・面談記録票」を交渉記録カードに役割を変えるだけで済みます。

　ただし、延滞債務者の意味は理解できますが、「問題が発生している債務者」とはどのような意味の債務者を指すのか、という問題があります。

　債務者区分の破綻懸念先以下の先が問題債権ではありません。この「問題債権」の定義については、各JAで議論のうえ定義付けを行いましょう。

　例えば、①ローンは滞りなく返済しているが、たまたま街金から借金している確実な情報があり、早晩延滞を発生させるかもしれないとか、②ローン返済の履行状況に問題はないが、最近反社会的勢力のリストに入っているとか、③元来性悪で言葉尻をとらえて難題を言いつけてくるクレーマーとかなど、具体的な例示をあげて定義付けしないと、例えば行政庁検査時に質問されても抽象的な回答しかできず、行政庁から良い印象は受けないでしょう。

5．いま、JAの自己査定に求められていること

　ここまでJAの支店等で主要与信先にあたる個人経営（家族経営）の農家組合員を対象とした自己査定について解説してきました。いま、JAの自己査定に求められていることは、JAの経営基盤たる農家組合員の経営実態を十分把握することです。だからこそ、本書は個人事業主である農家組合員に的を絞っています。自己査定はシステムも進歩しているので作業自体は難しくはありません。いちばん難しいのは「農業経営の実態把握」です。農業は気象条件により経営を左右されます。そこで支援するのがJAとなるわけです。経営や技術の相談・指導・改善に関する支援すなわち「営農指導」はJAがずっと以前から行っており、しかも他業態より先んじてやってきたということで誇れるものです。だからこそ、JAはもう一度足元を見つめ直してください。

　自己査定の基本的な知識を習得するとともに、JAの支店等では貸出金と購買未収金、農業融資・賃貸住宅ローン・住宅ローンを中心に考察すればある程度はJA内の自己査定や行政庁検査に対応できると思われます。

組合員等利用者　訪問・面談記録票

訪問・面談日	平成26年4月18日（金）午後7時～8時　　天候：晴				
JA担当者	担当・役職名	氏　名	担当・役職名	氏　名	
	貸付係長	○○　○○	住宅ローン担当	○○　○○	
訪問・面談相手氏名及び続柄	氏　名	続　柄	氏　名	続　柄	
	○○　○○	本人			
訪問・面談内容	住宅ローン返済が、ここ3ヵ月約定日の毎月15日にローン返済指定口座から振替できないのが目立っていたものの、先月までは督促をすれば、1～2日遅れて入金されていました。 　今月も電話で督促したが入金されなかったことから、上司の係長とともに帰宅時刻の午後7時頃を見計らって自宅へ訪問し、本人と面談しました。本人からは給与支給日が変更となったことから来週まで待ってほしいと言われたので辞去しました。				
訪問・面談日	平成26年4月21日（月）午後7時～8時　　天候：曇				
JA担当者	担当・役職名	氏　名	担当・役職名	氏　名	
	支店長	○○　○○	貸付係長	○○　○○	
訪問・面談相手氏名及び続柄	氏　名	続　柄	氏　名	続　柄	
	不在				
訪問・面談内容	本日朝一番で支店長へ報告したところ、念のため自宅の登記事項証明書の閲覧を指示されました。早速確認したところ、JAの抵当権の後順位に何者かのために根抵当権が設定されていました。調査の結果、根抵当権者は高利の市中金融業者であることが判明しました。 　同日支店長とともに債務者宅へ赴き、午後7時から8時まで帰宅を待っていましたが、同居家族も不在のようであり、近所の人に確認したところ、先週の土曜日に家族揃って引っ越しされた、という情報を得ました。				

第8章　住宅ローンのリスク管理

資　料　JA検査提出資料様式例

　支店等における「JA検査提出資料様式例」の総与信調査表、債務者の概況等および不動産担保明細を掲載しています。なお、自己査定ワークシートは、債務者区分ごとに分類作業できるように、Excelで作成した本書独自のものです。

1．総与信調査表（個人用）

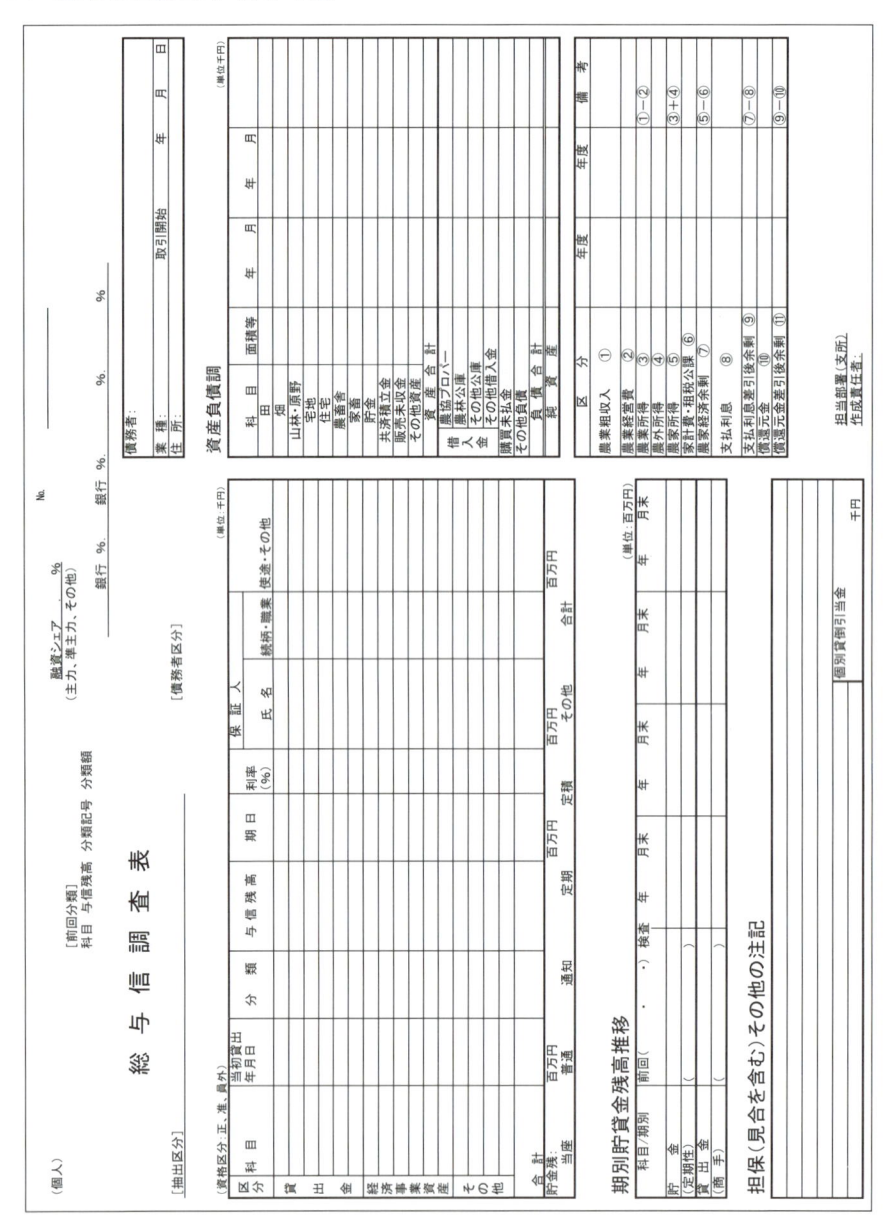

2．債務者の概況

(2) 債務者の概況等

(作成部・課　　　　　作成責任者　　　　　)

債務者：

1	取引の経過等	
2	債務者の現況（業況及び財務内容等。破綻先であれば、その原因等）	
	［後発事象］	
3	今後の業況等の見通し（赤字、延滞等の解消の見込み）	
	［後発事象］	
4	組合等の今後の取引方針（回収できあれば、その方法、貸倒の見込み額等）	
	［後発事象］	
5	債務者区分の判定・変更理由	
	(1) 第1次査定における査定理由	(2) 第2次査定以降において債務者区分を変更した場合、その理由

(注) 後発事象欄は、自己査定時以降、変更があったもののみ記載する。

資料　ＪＡ検査提出資料様式例

3．不動産担保明細

(作成部・課　　　　　　　作成責任者　　　　　　　)

債務者：

(3) 不動産担保明細

(単位：㎡、金額・千円)

区分	符号	種類 土地々目 建物(構造)	用途	所在地	面積	単価	評価額	掛目	処分可能見込額	先順位 抵当権者	先順位 設定金額	順位	担保余力	火災付保 期限・金額	担保設定 設定金額	担保設定 順位	第三者担保 提供者氏名
自己査定時																	
小計																	
後発事象																	
小計																	
合計																	

[記載要領］記載事象欄は、自己査定時以降、変更があったもののみ記載する。
後発事象欄は、自己査定時以降、変更があったもののみ記載する。

4．要注意先用の自己査定ワークシート

自己査定ワークシート［要注意先用］
（金額単位：円）

債務者区分	その他要注意先	要管理先

店番	店舗名
顧客番号	債務者名

1．科目別自己査定分類額
（平成　年　月　日現在）

〇総与信額

勘定科目	総与信額	Ⅱ分類
貸出金	割引手形	
	手形貸付	
	証書貸付	
	当座貸越	
	小　計	
債務保証見返		
仮払金		
計上未収利息		
購買未収金		
債　権　合　計	①	

2．分類対象債権の算出

〇優良担保・優良保証

優良担保	時価金額	掛目	処分可能見込額	優良保証	保証金額	掛目	回収可能見込額
貯金担保				基金協会			
有価証券				基金協会			
担保手形							
合　計			②	合　計			③

〇その他分類対象外債権

割引手形	＋	短期回収確定分	＋	回収済分	＋	その他	＝	合　計 ④

〇分類額の算出
① － （② ＋ ③ ＋ ④） ＝ ⑤ □ （≦０のときは、以下の作業省略）

3．債務者分類

Ⅱ分類額　　　　分　類

4．3カ月以上延滞債権および貸出条件緩和債権（要管理債権）の該当貸出金明細

勘定科目	取扱番号	当初貸出金残高	基準日現在残高	該　当　理　由
件数			要管理債権合計	

（注1）「要管理債権」を有するすべての債務者について作成すること。

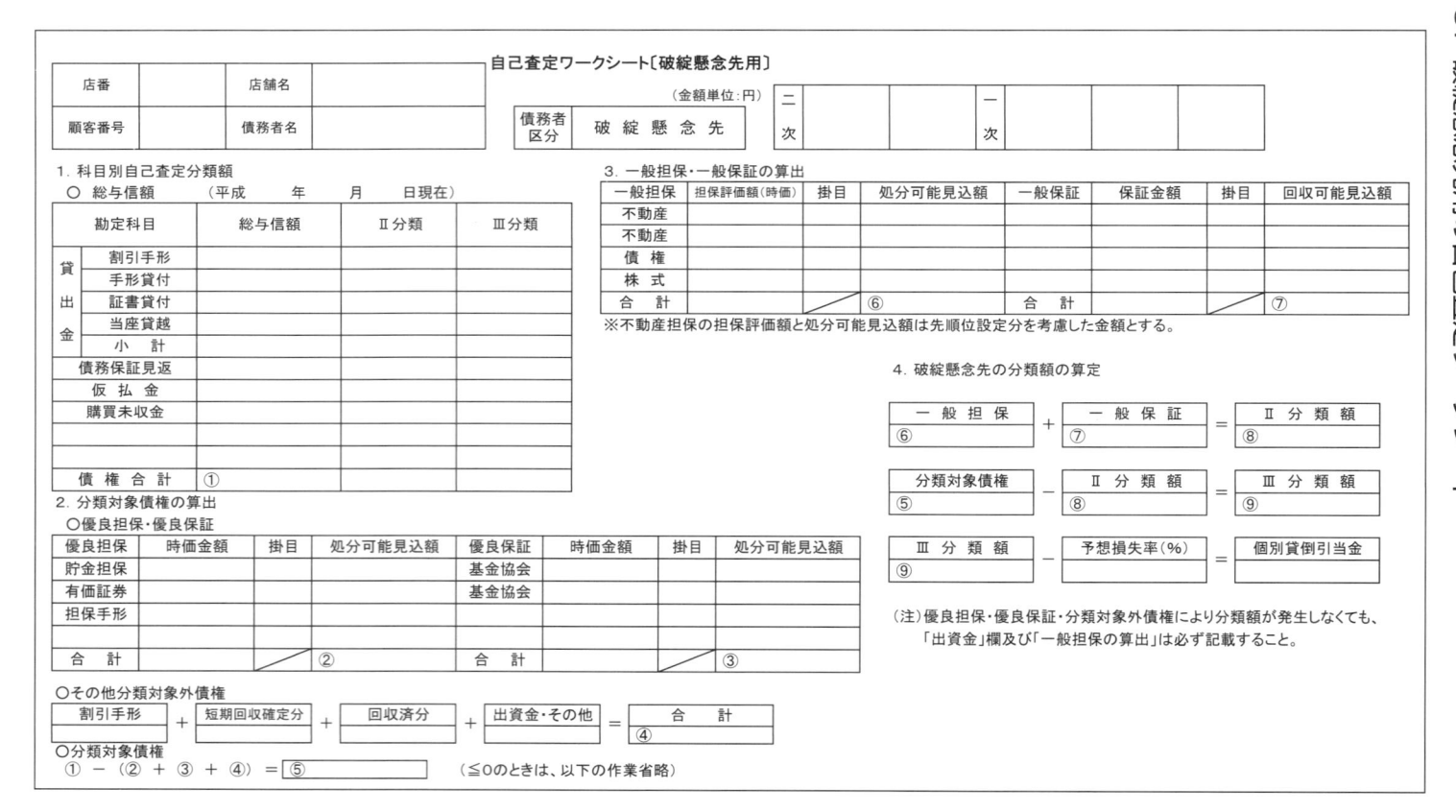

5．破綻懸念先用の自己査定ワークシート

自己査定ワークシート【破綻懸念先用】

(金額単位：円)

債務者区分	破綻懸念先	二次

店番	店舗名	
顧客番号	債務者名	

1．科目別自己査定分類額
（平成　年　月　日現在）

勘定科目	総与信額	Ⅱ分類	Ⅲ分類
貸出金	割引手形		
	手形貸付		
	証書貸付		
	当座貸越		
	小計		
債務保証見返			
仮払金			
購買未収金			
債権合計	①		

2．分類対象債権・優良保証の算出

○優良担保・優良保証

優良担保	時価金額	処分可能見込額	掛目	優良保証	基金協会	基金協会
貯金担保						
有価証券						
担保手形						
合計		②			合計	

○その他分類対象外債権

割引手形 ＋ 短期回収確定分 ＋ 回収済分 ＋ 出資金・その他 ＝ 合計

① − (② + ③ + ④) = ⑤ （≦0のときは、以下の作業省略）

3．一般担保・一般保証の算出

一般担保	担保評価額（時価）	処分可能見込額	掛目	一般保証	保証金額	掛目	回収可能見込額
不動産							
不動産							
債権							
株式							
合計		⑥			合計		⑦

※不動産担保の担保評価額と処分可能見込額は先順位設定分を考慮した金額とする。

4．破綻懸念先の分類額の算定

一般担保 ＋ 一般保証 ＝ Ⅱ分類額
⑥　　　　⑦　　　　⑧

分類対象債権 − Ⅱ分類額 ＝ Ⅲ分類額
⑤　　　　　⑧　　　　⑨

Ⅲ分類額 − 予想損失率（％） ＝ 個別貸倒引当金
⑨

（注）優良担保・優良保証・分類対象外債権により分類額が発生しなくても、「出資金」欄及び「一般担保の算出」は必ず記載すること。

154

6．実質破綻先及び破綻先用の自己査定ワークシート

自己査定ワークシート（実質破綻先用）
（金額単位：円）

債務者	実質破綻先	一	二	次
区分	破綻先			

店番		店舗名	
顧客番号		債務者名	

1．科目別自己査定分類額 （平成　年　月　日現在）

勘定科目	総与信額	Ⅱ分類	Ⅲ分類	Ⅳ分類
貸出金	割引手形			
	手形貸付			
	証書貸付			
	当座貸越			
	小計			
	債務保証見返			
	仮払金			
	購買未収金			
部分直接償却資出金残高				
部分直接償却仮払金残高				
債権　合計	①			

2．分類対象債権の算出

○優良担保・優良保証

優良担保	時価金額	処分可能見込額	掛目	優良保証	基金協会
貯金担保					
有価証券				合　計	
担保手形					
合　計	②	③			

○その他分類対象外債権

割引手形　　　＋　短期回収確定分　　　＋　出資金・その他　　　＝　合計 ⑥
　　　　　　　　　　　　　　　　　　　　　　　　　　　　（≦0のときは、以下の作業省略）

○分類対象債権
① － (③ + ⑤ + ⑥) = ⑦

3．一般担保・一般保証の算出

一般担保	担保評価額（時価）	処分可能見込額	掛目	一般保証	保証金額	回収可能見込額
不動産						
不動産						
債権						
株式						
合　計	⑧	⑨		合　計	⑨	⑩

※不動産担保の担保評価額と処分可能見込額は先順位設定分を考慮した金額とする。

4．実質破綻先・破綻先の分類額の算定

一般担保 ⑨ ＋ 一般保証 ⑩ = Ⅱ 分 類 額 ⑨

優良担保時価 ② － 優良担保処分可能額 ③ = Ⅲ 分 類 額 ⑨

一般担保時価 ⑧ － 一般担保処分可能額 ⑨ = Ⅲ 分 類 額 ⑪

分類対象債権 ⑦ － Ⅱ 分 類 額 ⑨ = Ⅳ 分 類 額 ⑫

5．償却・引当処理方法

○償却・引当処理方法（今年度償却・引当処理方法は該当欄に○印を入れること。）

償却方法	該当	債権の態様	法人税法	損金算入
直接償却		更生法・和議の切捨	基本通達9-6-1	100%
債権売却		事実上の全部貸倒	基本通達9-6-2	100%
間接償却		バルクセール	無税扱い	100%
		5年超の長期賦払債権	施行令96-1-1	100%
		事実上の一部貸倒	施行令96-1-2	100%
		法的破綻先	施行令96-1-3	50%
		税法基準に該当しない	有税個別貸倒引当金	0%

○Ⅳ分類額の処理方法

Ⅳ 分 類 額 ⑫	⇒	償却方法	有税部分金額	無税部分金額
		部分直接償却		
		個別貸倒引当金		

償却額（⑪＋⑫）

(注1) 優良保証・優良担保・分類対象外債権により分類額が発生しなくても、「出資金」欄及び「一般担保の算出」欄は必ず記載すること。
(注2) 本年度末までに部分直接償却を実施した債権については、「部分直接償却資出金残高あるいは部分直接償却仮払金残高」欄に記載すること。

おわりに

　金融検査における金融証券検査官による資産査定ヒアリングは、検査を受ける金融機関が自己査定を正確に行っているかどうかによるいわゆる"当局査定"を行うため、その緊張感は並大抵のものではないでしょう。

　それが端的に表れているのが、次の「検証結果メモ」の◯で囲んでいる箇所です。「検証結果メモ」は、行政庁の検査官がJAの自己査定結果を検証する際に使用するチェックシートの役割を果たすものです。

　特に、太字で強調している債務者区分や分類額の「検査官査定（ａ）」と「自己査定（ｂ）」との違い、これを「**乖離**」（かいり）、「**乖離額**」や「**乖離率**」ともいいますが、貸出等債権などすべての検査官による査定が終了すると、この乖離について資産査定担当の検査官と受検金融機関側の自己査定管理責任者とで議論を交わして、現状認識による「確認表」と後日原因分析と改善策を記載した「改善報告書」を提出することとなります。

　さらに、特に重要な点は、検証結果メモに示されている「検証結果メモ作成基準」です。この作成基準は検査官が査定対象債務者の貸出金について、(1)審査管理に特に問題があるもの、(2)法令通達等に抵触するもの、(3)内部規定に違反するもの、(4)不祥事件等に関連するもの（トラブル解決資金等）などあらゆる角度から問題点があるかどうかを検証した記録となるものです。その反面、ＪＡとしてはこの作成基準を活用することにより正確な自己査定を行うことが期待できることと、この作成基準を知ることにより適切な検査対策を講じることができるともいえます。

　本書の「検証結果メモ」は、農林水産省大臣官房検査部「協同組合検査実施要項」農業協同組合検査実施要領例の検査結果取りまとめ表参考資料様式例に綴られていました。現在は「農林水産省協同組合等検査基本要綱」特記メモ様式例「総与信検証結果特記メモ」として簡略化されたものが添付されています。したがって、行政庁検査でこの「検証結果メモ」を使用しているかどうかは不明であることから、【かつて、検査官が資産査定ヒアリング時に使用していた「検証結果メモ」と「検証結果メモ作成基準」】としました。

　だからといって、まったく役に立たないのかというとそうではなく、今後もJA役職員にとって非常に参考となります。

　最後に「検証結果メモ」と「検証結果メモ作成基準」を紹介することで、本書のおわりとします。

【かつて検査官が資産査定ヒアリング時に使用していた「検証結果メモ」】

10 検証結果メモ

農業協同組合
本支店名：＿＿＿＿＿＿＿
検査官名：＿＿＿＿＿＿＿

(作成基準)
☐ 大口与信先
☐ 債務者区分相違
☐ 分類金額相違
☐ 償却・引当
☐ ディスクロ
☐ その他（　　　　）

変更事由
☐ 1. 財務分析不足
☐ 2. 債務者実態把握不十分
☐ 3. 自己査定基準の不備
☐ 4. 保証能力検討不十分
☐ 5. 担保評価不正確
☐ 6. 自己査定基準の適用誤り
☐ 7. 単純な事務ミス
☐ 8. 仮基準日以降の未補正
☐ 9. その他
（　　　　　　　　）

主力・準主力・その他（シェアー　　％）　　　　　　　　　　単位：千円

債務者名		業種		純財産（　年　月期　実態）：	キャッシュフロー（調整後）：

債権額	検査官査定 (a)		自己査定 (b)		(a)−(b)	条件変更の内容	実態資金使途
	正　要　要管　懸　実　破		正　要　要管　懸　実　破				
	Ⅰ		Ⅰ			☐ 手貸・当貸の固定化	☐ 赤字補填資金
	Ⅱ		Ⅱ			☐ 期限延長	☐ 動・不動産
	Ⅲ		Ⅲ			☐ テールヘビー	☐ プロジェクト
	Ⅳ		Ⅳ			☐ 元本据置	☐ 株式
千円	計		計			☐ 金利減免	☐ 関連会社貸付
						☐ その他（　）	☐ その他（　）

← 貸出、債務保証見返、未収利息、仮払金、外国為替、貸付有価証券、保証付私募債合計 →

自己査定 （正、要、要管、懸、実、破）　　　　　要管先の開示額（本数：　）　　千円

◎債務者区分（ディスクロ）判定根拠

◎分類額算出根拠

検査官査定 （正、要、要管、懸、実、破）　　　要管先の開示額（本数：　）　　千円
（参考係数）

◎債務者区分（ディスクロ）判定根拠（業況、財務内容、返済履行状況、再建の見通し等）

◎分類額算出根拠（Ⅲ・Ⅳ分類額の新規発生及び増額の場合には、その算定根拠を簡記）

問題点

【かつて検査官が資産査定ヒアリング時に使用していた「検証結果メモ作成基準」】

検証結果メモ作成基準

1 作成上の留意事項
　次の事項を必ず織り込んで、特記の内容を簡潔かつ明確に記載する。
(1) 重要な事実関係及び事実関係の認定
　債務者の概況、組合との取引経緯、問題となった貸付金（例：「時点‥いつの貸付金が問題なのか」）
(2) 組合の取引姿勢
　融資取扱、仕振り上の問題点
(3) 保全措置を含めた分類の根拠、算出方法
(4) 自己査定を変更したもの
　① 組合側の分類根拠
　② 検査官の判定理由・根拠
　　・自己査定の正確性
　　・自己査定変更の理由
　　・自己査定及び償却・引当の適切性の判断に影響を及ぼす問題点
　　・分類根拠
　　・償却・引当の正確性と算定根拠

2 作成基準
　検証結果メモを要する貸出金は、分類の有無に関わらず次の事項に該当するものを記載する。
(1) 審査管理に特に問題があるもの
　ア 情実的なもの（架空又は他人名義の貸出、新旧役員に対するもので不当なもの、親密企業に対するもの）
　イ <u>資金使途の大幅な流用を見逃しているもの</u>
　ウ 事業計画、資金計画の欠陥又は<u>不明確を見逃しているもの</u>
　エ <u>返済財源を流用されているもの</u>
　オ <u>返済財源の検討が不十分なもの（財務分析不足）</u>
　カ <u>信用調査の疎漏なもの（債務者実態把握不十分）</u>
　キ 多額の粉飾決算を見逃しているもの
　ク 保全措置に重大な誤りを犯しているもの（担保の実地調査を怠り処分困難、価値の著しく低い物件を入担しているもの、評価額を著しく嵩上しているもの、登記手続の遅延等）（担保評価不正確）
　ケ 知名人、資産家、紹介者に引きずられ実態把握を怠ったもの
　コ 政治資金、貸金業者に対するもの
　サ 決算対策としての利息手形等であるもの
　シ 子会社等貸付で不当なもの
　ス 異常な金利、極端な長期貸付、大幅な条件変更をしているもの
　セ 自己査定基準の不備
　ソ 自己査定基準の適用誤り
　タ 保証能力検討不十分
　チ 重大事象補正漏れ
　ツ 経営判断によるもの

テ　単純事務ミス
　　　ト　その他
(2) 法令通達等に抵触するもの
　　　ア　金融諸法規に抵触するもの（導入預金、浮貸等）
　　　イ　その他法令、通達に抵触するもの（大口信用供与規制等）
(3) 内部規定に違反するもの
　　　ア　りん議手続き及び条件違反のもの
　　　イ　その他重要な内部規定に違反するもの
(4) 不祥事件等に関連するもの（トラブル解決資金等）
(5) 自己査定と検査官査定で債務者区分や分類額が相違したもののうち、
　　　ア　債務者区分、分類区分、分類額を変更した先で、分類額が　　百万円以上のもの
　　　イ　債務者区分等を変更した先で、分類額のかい離が　　百万円以上のもの
　　　ウ　ただし、Ⅲ・Ⅳ分類額についてはかい離額が　　百万円以上のもの
　　　エ　関連会社で、債務者区分等を変更した先
　　　オ　償却・引当の誤り
　　　なお、これにより不都合が生じた場合は金額の変更等もありうる。
(6) 不良債権のディスクロージャーの回避を行っているもの

参 考 文 献

農林水産省協同組合等検査規程（平成23年農林水産省訓令第20号）

農林水産省協同組合等検査基本要綱（平成23年9月1日付け23検査第1号農林水産省大臣官房検査部長通知）

協同組合検査実施要項（平成9年10月1日付け9組検第3号農林水産省大臣官房検査部長通知）

農林水産省『預貯金等受入系統金融機関に係る検査マニュアル』

農林水産省『系統金融検査マニュアル別冊〔農林漁業者・中小企業融資編〕』

農林水産省『預貯金等受入系統金融機関及び共済事業を行う協同組合連合会における経済事業資産及び外部出資
　　　　　の自己査定及び償却・引当に関する検査基準』

農林水産省『農業協同組合検査実施要領例』

農林水産省『農協検査（3者要請検査）結果事例集』

農林水産省『平成26年度検査方針、統一検査事項及び検査周期』

農林水産省『系統金融機関向けの総合的な監督指針』

農林水産省『農業経営統計調査』

金融庁『平成25事務年度　中小・地域金融機関向け監督方針』

日本銀行『2014年度の考査の実施方針等について』

国土交通省『平成25年度住宅経済関連データ』

一般社団法人　農山漁村文化協会　シリーズ『農学基礎セミナー』

　　『農業の経営と生活』七戸長生著、2000年

　　『新版　農業の基礎』生井兵治　他著、2003年

　　『新版　作物栽培の基礎』堀江武　他著、2004年

　　『新版　野菜栽培の基礎』池田英男　他著、2005年

　　『新版　草花栽培の基礎』樋口春三　他著、2004年

　　『新版　果樹栽培の基礎』杉浦明　他著、2004年

　　『新版　家畜飼育の基礎』阿部亮　他著、2008年

　　『農業会計』工藤賢資著、新井肇著、1993年

五味仙衛武著『基礎シリーズ　農業経営入門』実教出版、2000年

古塚秀・髙田理著『改訂　現代農業簿記会計』農林統計出版、2012年

三鍋伊佐雄著『いままで誰も書かなかったリスクと対策 まじめに、賃貸経営』PHP研究所、2013年

新日本有限責任監査法人編著『信用金庫・信用組合の会計実務と監査』経済法令研究会、2013年

高瀬博司著『新2版 改訂金融検査マニュアルに準拠 図説 不動産担保評価の実務』経済法令研究会、2010年

経済法令研究会 通信講座『顧客メイン化を推進する　個人融資渉外コース』

演習問題

演習問題

第1章からの出題（解答は191ページ）

1．JAにおける自己査定とは、どういう意味ですか。文中の表現を引用して答えてください。

2．信用事業や経済事業などを行うJAの自己査定においては、3つの検査マニュアルに基づいて行うこととなっています。その検査マニュアルの正式名称をそれぞれ答えてください。

　　系統金融検査マニュアル：

　　系統金融検査マニュアル別冊：

　　経済事業資産等検査基準：

第2章からの出題（解答は191ページ）

1．3者要請検査の実施機関を答えてください。

2．3者要請検査の対象JAを答えてください。

　　①
　　②

3．賃貸住宅ローンに係る「農協検査結果事例集」による指摘事例に関する次の記述について、空欄(ア)～(ク)に当てはまる適切な語句を答えてください。

> ① 賃貸住宅ローンについて(ア)＿＿＿＿＿＿＿＿や(イ)＿＿＿＿＿＿＿＿の確認を行っていません。
> ② (ウ)＿＿＿＿＿＿＿＿への貸出にもかかわらず、(エ)＿＿＿＿＿＿＿＿＿＿＿＿を把握していません。
> ③ 賃貸住宅経営における(オ)＿＿＿＿＿＿＿＿＿＿＿＿＿＿＿＿を指示していません。
> ④ 上記③の理由から、キャッシュ・フローによる債務者の弁済能力の検証を行っておらず、(カ)＿＿＿＿＿＿＿＿＿＿＿＿＿＿＿＿債務者区分の判定を行っています。
> ⑤ 管理会社と一括借上契約を締結している賃貸物件に係る貸出について、(キ)＿＿＿＿＿＿＿＿があるにもかかわらず、(ク)＿＿＿＿＿＿＿＿＿＿＿＿＿＿ことからリスクが低いとして、賃貸物件の入居状況を把握していません。

第3章からの出題（解答は191ページ）

1．支店等における自己査定の手順については、第1ステップから第5ステップまであります。それぞれの内容を答えてください。

　　　第1ステップ：＿＿＿＿＿＿＿＿＿＿＿＿＿＿＿＿
　　　第2ステップ：＿＿＿＿＿＿＿＿＿＿＿＿＿＿＿＿
　　　第3ステップ：＿＿＿＿＿＿＿＿＿＿＿＿＿＿＿＿
　　　第4ステップ：＿＿＿＿＿＿＿＿＿＿＿＿＿＿＿＿
　　　第5ステップ：＿＿＿＿＿＿＿＿＿＿＿＿＿＿＿＿

2．「系統金融検査マニュアル 資産査定管理態勢の確認検査用チェックリスト 自己査定（別表1）」の「自己査定結果の正確性の検証」では、債務者区分判断の手順を記載しています。次の記述について、空欄(ア)～(キ)に当てはまる適切な語句を答えてください。

> 債務者区分は、債務者の実態的な財務内容、資金繰り、収益力等により、(ア)＿＿＿＿＿＿＿＿＿＿＿＿＿＿＿＿、債務者に対する貸出条件及びその履行状況を

確認の上、業種等の特性を踏まえ、事業の継続性と収益性の見通し、(イ)_____、経営改善計画等の妥当性、金融機関等の支援状況等を(ウ)_____ものである。
　　　特に、(エ)_____、中小・零細企業等については、当該債務者の財務状況のみならず、(オ)_____、販売力や成長性、代表者等の役員に対する報酬の支払状況、(カ)_____、保証状況と保証能力等を総合的に勘案し、(キ)_____判断するものとする。

3．名寄せには2通りあります。それらを答えてください。
　　_____
　　_____

4．一般査定先と簡易査定先の区分け方に関する次の図について、空欄(ア)～(キ)に当てはまる適切な語句を答えてください。

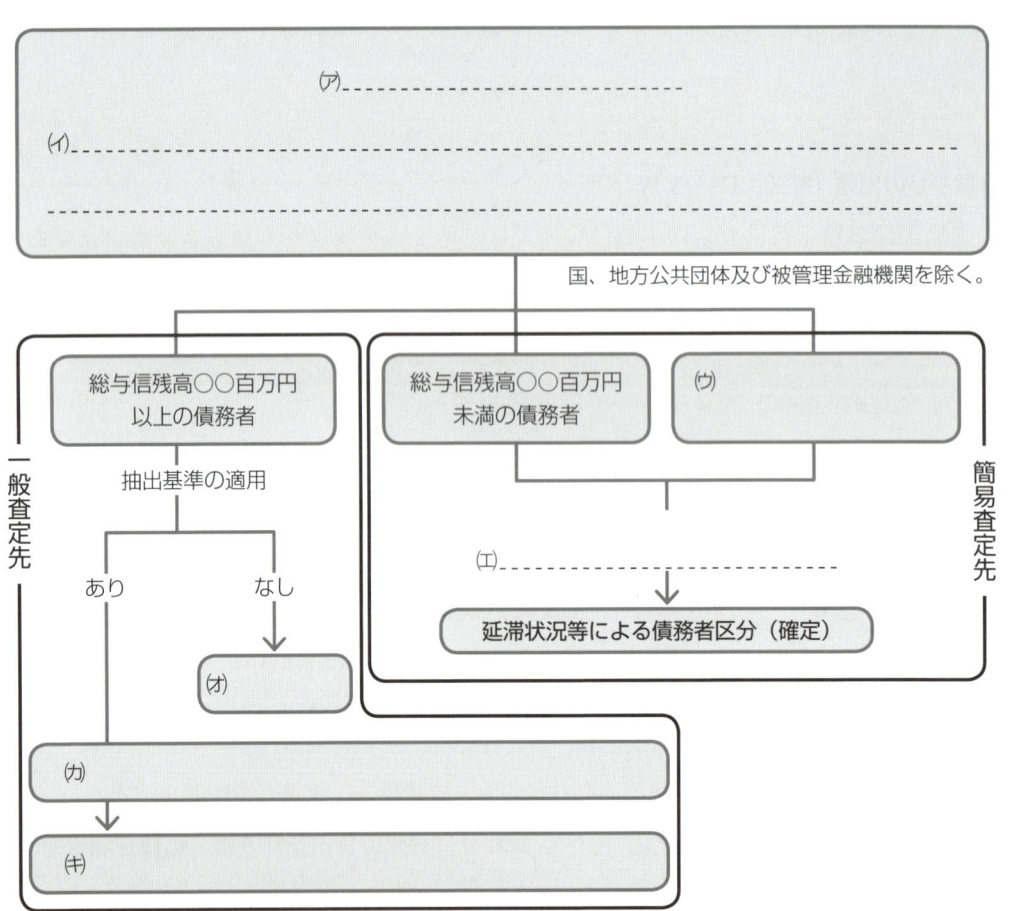

```
┌─────────────────────────────────────────┐
│           (ア)_____ │
│  (イ)_____ │
│          _____ │
└─────────────────────────────────────────┘
                                  国、地方公共団体及び被管理金融機関を除く。
   ┌──────────┬──────────────┬──────────┐
   │                                         │
 ┌─────────┐    ┌─────────┐   ┌─────┐
 │総与信残高○○百万円│    │総与信残高○○百万円│   │ (ウ) │
 │  以上の債務者  │    │  未満の債務者  │   │     │
 └─────────┘    └─────────┘   └─────┘
     抽出基準の適用              │
   ┌────┴────┐              │
  あり     なし            (エ)_____
   │                            ↓
 ┌───┐                 ┌──────────────┐
 │(オ)│                 │延滞状況等による債務者区分（確定）│
 └───┘                 └──────────────┘
   │
 ┌──────────────────────────┐
 │              (カ)                      │
 └──────────────────────────┘
   │
 ┌───┐
 │(キ)│
 └───┘

一般査定先 ←                              → 簡易査定先
```

164

5. 抽出基準に関する次の表について、空欄㋐～㋕に当てはまる適切な語句を答えてください。

番号	抽出基準	符号
1	自己査定における債務者区分 　イ　正常先　　　　　　　債権　百万円以上の先 　ロ　うち不動産・建設業　各上位　先、計　先 　ハ　要注意先 　ニ　破綻懸念先　　　　　全債務者 　ホ　実質破綻先 　ヘ　破綻先	正 正（不・建） 要 懸 実 破
2	㋐_____に区分された 取引先のうち、　債権　百万円以上の先	前
3	㋑_____に区分された 取引先のうち、　債権　百万円以上の先	中
4	リスク管理債権　農協法施行規則第204条第1項第1号 　イ　破綻先債権 　ロ　延滞債権 　ハ　3ヵ月以上延滞債権 　ニ　貸出条件緩和債権	D－破 D－延 D－3 D－条
5	要管理債権（金融再生法）	管
6	㋒_____　債権残高　百万円以上の先	大
7	㋓_____　債権残高　百万円以上の先	赤
8	㋔_____　債権残高　百万円以上の先	債超
9	調査表作成先で代表者等実質同一債務者に対する債権	実同
10	㋕_____	条
11	延滞債務者　債権で支払期日経過後　日以上の先	延
12	自組合の役員、役員の3親等以内の親族関係貸出	役

6．債務者区分の定義に関する次の表について、空欄㈦～㈱に当てはまる適切な語句を答えてください。

債務者区分	定義
正常先	㈦_____であり、かつ財務内容にも特段の問題がないと認められる債務者
要注意先	次に掲げるような、今後の管理に注意を要する債務者 ・㈤_____を行っているなど貸出条件に問題のある債務者 ・元本返済もしくは利息支払が㈥_____しているなど履行状況に問題がある債務者 ・㈦_____債務者または財務内容に問題がある債務者
要管理先	・要管理先とは、㈧_____が要管理債権である債務者 ・要管理債権とは、要注意先に対する債権のうち㈨_____および㈩_____をいう。 ・3ヵ月以上延滞債権とは、元金または利息の支払いが、約定支払日の翌日を起算日として3ヵ月以上延滞している貸出債権をいい、また、貸出条件緩和債権とは、㈪_____債務者の再建または支援を図り、当該債権の回収を促進すること等を目的に、㈪_____を与える約定条件の改定等を行った貸出債権（金融機能再生緊急措置法施行規則第4条）をいう。
破綻懸念先	現状、経営破綻の状況にはないが、経営難の状態にあり、経営改善計画の進捗状況が芳しくなく、今後、㈫_____と認められる債務者（JA等が支援継続中の債務者を含む）
実質破綻先	法的・形式的な経営破綻の事実は発生していないものの、深刻な経営難の状態にあり、再建の見通しがない状況にあると認められるなど㈬_____債務者
破綻先	法的・形式的な経営破綻の事実が発生している債務者。例えば、㈭_____、清算、会社整理、会社更生、㈮_____、手形交換所の取引停止処分等の事由により経営破綻に陥っている債務者

7．形式基準による仮債務者区分に関する次の表について、空欄㈱～㈹に当てはまる適切な語句を答えてください。

財務の状況等 \ 取引の状況等	法的整理・取引停止処分等	㈱	3カ月以上6カ月未満の延滞	㈺	1カ月以上3カ月未満の延滞	延滞なし
㈰	破綻先	実質破綻先	破綻懸念先	破綻懸念先	破綻懸念先	㈯
債務超過1期のみ	破綻先	実質破綻先	破綻懸念先	破綻懸念先	要注意先	㈷
㈪	破綻先	実質破綻先	要注意先	㈸	要注意先	要注意先
債務超過や赤字、繰越欠損がすべてなし	破綻先	㈹	要注意先	㈺	要注意先	㈳
㈫	破綻先	実質破綻先	要注意先	要注意先	要注意先	㈲
決算データ登録なし	破綻先	実質破綻先	破綻懸念先	破綻懸念先	要注意先	㈵

8．農家組合員債務者の債務者区分については、農業者の特性を踏まえて判断する必要があります。その債務者区分判断に係る要点に関する次の記述について、空欄㈰～㈯に当てはまる適切な語句を答えてください。

・農業所得だけでなく、㈰_____も十分に調査し、経営実態の的確な把握に努めることが必要である。

・総じて㈪_____の影響を受けやすいなど、一時的に収益悪化により赤字に陥りやすい。

・資金的な蓄えが乏しいと、㈫_____。

・㈬_____を行うにしても余地等が小さく黒字化や債務超過解消まで時間がかかる。

上記の特性から、赤字や債務超過が生じていること、貸出条件の変更が行われてい

ることといった(オ)＿＿＿＿＿＿＿＿＿＿＿をもって、債務者区分を判断することは適当ではありません。

　JAにおける従前からの信用事業・経済事業・共済事業などの(カ)＿＿＿＿＿＿＿や、キャッシュ・フローによる債務償還能力を重視し、貸出条件の変更の理由や資金の使い途など、(キ)＿＿＿＿＿＿＿＿＿＿＿＿＿、農家組合員債務者の経営実態を(ク)＿＿＿＿＿＿＿＿＿＿＿＿＿＿必要があります。

9．JA支店の主な自己査定対象債権等に関する次の表について、空欄(ア)～(エ)に当てはまる適切な語句を答えてください。

事業資産			科目等	
信用事業資産	信用事業債権		(ア)	
			割引手形・手形貸付 証書貸付・当座貸越	
			貸出金に準ずる債権	
			未収利息・未収金 貸出金に準ずる仮払金 債務保証見返	
経済事業資産	経済事業債権			
		購買事業	(イ)	
			受取手形	
		販売事業	(ウ)	（受託販売債権）
	棚卸資産			
その他	加工・利用事業		(エ)	

10. 債権の分類方法と分類基準に関する次の表について、空欄(ア)〜(コ)に当てはまる適切な債務者区分と分類区分を答えてください。

債務者区分	分類区分			
正常先	(ウ)			
要注意先	(エ)	(オ)		
(ア)	Ⅰ分類	Ⅱ分類	(カ)	
(イ)	Ⅰ分類	Ⅱ分類	Ⅲ分類	Ⅳ分類
破綻先	(キ)	(ク)	(ケ)	(コ)

11. 未収利息の計上に関する次の表について、空欄(ア)〜(ウ)に当てはまる適切な債務者区分と計上方法を答えてください。

債務者区分	資産の計上方法
(ア)・実質破綻先・(イ)	未収利息を(ウ)

12. 担保による調整に関する次の表について、空欄(ア)、(イ)に当てはまる適切な分類区分を答えてください。

担保の項目	処分可能見込額により保全されている債権の分類区分
優良担保	(ア)
一般担保	(イ)

13. 担保評価額および処分可能見込額の定義を答えてください。

担保評価額：＿＿＿＿＿＿＿＿＿＿＿＿＿＿＿＿＿＿＿＿＿＿＿＿＿＿＿＿＿＿＿＿＿＿＿

処分可能見込額：＿＿＿＿＿＿＿＿＿＿＿＿＿＿＿＿＿＿＿＿＿＿＿＿＿＿＿＿＿＿＿＿

＿＿

14. 優良保証とみなされない場合を2つ答えてください。ただし、次の2つを除きます。

・JAが保証履行請求を行う意思がない場合

・保証機関等の経営悪化等により代弁請求が不可または代弁が受けられない場合

・＿＿＿＿＿＿＿＿＿＿＿＿＿＿＿＿＿＿＿＿＿＿＿＿＿＿＿＿＿＿＿＿＿＿＿＿＿＿

・＿＿＿＿＿＿＿＿＿＿＿＿＿＿＿＿＿＿＿＿＿＿＿＿＿＿＿＿＿＿＿＿＿＿＿＿＿＿

＿＿

15. リスク管理債権と債権区分に関する次の表について、空欄(ア)〜(サ)に当てはまる適切な語句を答えてください。

農協法施行規則 (ア)	(キ) 債権区分	自己査定 債務者区分
(イ)　　　　　のみ	(ク)　　　　　債権	信用事業債権
(ウ)　　　　　債権	破産更生債権及び これらに準ずる債権	破綻先
(エ)　　　　　債権		実質破綻先
	(ケ)　　　　　債権	破綻懸念先
(オ)　　　延滞債権	(コ)　　　　　債権	要注意先（要管理先）
(カ)　　　緩和債権		
	(サ)　　　　　債権	要注意先（その他）
		正常先

貸出金以外

第4章からの出題（解答は193ページ）

1. 総与信調査表に関する次の記述について、空欄(ア)に当てはまる適切な語句を答えてください。

   総与信調査表は、(ア)..を一覧できる表です。

2. 青色申告貸借対照表と総与信調査表「資産」欄の対比を示した次の表について、空欄(ア)〜(コ)に当てはまる適切な記号を答えてください。

記号	青色申告貸借対照表　科目
Ⓐ	土　地
Ⓑ	建物・構築物
Ⓒ	育成中の牛馬、牛馬
Ⓓ	普通預金、定期預金、その他の預金
Ⓔ	売掛金、未収金
Ⓕ	現　金
Ⓖ	有価証券

記号	総与信調査表　資産科目
(ア)	田
(イ)	畑
(ウ)	山林・原野
(エ)	宅　地
(オ)	住　宅
(カ)	農畜舎
(キ)	家　畜

170

Ⓗ	農産物等、未収穫農産物等	㈰	貯　金
Ⓘ	肥料その他の貯蔵品		共済積立金
Ⓙ	前払金	㈱	販売未収金
Ⓚ	貸付金	㈲	その他の資産
Ⓛ	農機具等		
Ⓜ	土地改良事業受益者負担金		
Ⓝ	事業主貸		

3．市町村役場から4月上旬以降に送付される「固定資産納税通知書」に添付されている固定資産の明細を何と呼ぶか、答えてください。

4．個人経営（家族経営）の農家組合員債務者には貸借対照表が添付されていない場合があり、実地調査の重要性が増しています。それに際してJAの職員が何をすればよいか、次の記述の空欄㈜に当てはまる適切な語句を答えてください。

> 常日頃から農家組合員債務者との㈜---おかなければなりません。

5．JAは農業協同組合法第10条第1項に定められたことをしなければなりません。その内容に関する次の記述について、空欄㈜に当てはまる適切な語句を答えてください。

> JAは農業協同組合法第10条第1項に、㈜---
> ---と定められている。

6．土地の固定資産税評価に係る価格水準は、およそ時価の何％と定められているか答えてください。

　-----------％

7．債務超過解消年数による債務者区分判断の目安に関する次の表について、空欄㈜～㈋に当てはまる適切な語句または数値を答えてください。

債務者区分 判断の目安	㈜---------------- （または㈪----------）	要注意先	㈽----------------
実質債務超過 解消年数	1年	2年～㈋----年	㈋年～

8．JA検査提出資料様式例の総与信調査表の「経営収支」欄について、空欄(ア)～(サ)に当てはまる適切な語句を答えてください。

用　語	債務償還能力を判定するための手順
(ア)	(イ)_____という用語のほうが通常使用されています。 1年間の農業経営によって得られた総収益額。
(ウ)	1年間の農業経営に要した一切の経費。
(エ)	農業粗収入（農業粗収益）－農業経営費
(オ)	農外収入－農外支出
(カ)	農業所得＋農外所得
(キ)	農家所得－租税公課－家計費
(ク)	農業経営費のうち、負債利子が該当
(ケ)	農家経済余剰－支払利息
(コ)	すべての割賦弁済している償還元金の年間合計額
(サ)	支払利息差引後余剰－償還元金

9．債務償還年数による債務者区分判断の目安に関する算定式と表について、空欄(ア)～(オ)に当てはまる適切な語句または数値を答えてください。

(1) 算定式

$$債務償還年数 = \frac{(ア)}{(イ)}$$

(2) 債務者区分判断の目安

債務者区分 判断の目安	正常先 （問題なし）	(ウ)_____ （債務償還能力劣る）	破綻懸念先 （債務償還能力 極めて劣る）
農業者の 債務償還年数（例）	～(エ)____年	(エ)年～(オ)____年	(オ)年～
一般事業会社の 債務償還年数（例）	～10年	10年～20年	20年～

10. 次の＜Aさんに関する資料＞に基づいて、Aさんの総与信調査表の資産負債や経営収支を完成させ、債務超過解消年数および債務償還年数を算出してください。ただし、「資産負債」欄や「経営収支」欄は千円未満四捨五入し、債務超過解消年数および債務償還年数は小数点以下第2位を四捨五入のこと。

＜Aさんに関する資料＞

・Aさんは、当JAの正組合員で専業農家です。
・青色申告ですが、貸借対照表は作成されていません。
・信用・共済事業の取引は当JAだけです。
・当JAは、Aさん宅へ訪問し、確定申告書、損益計算書や固定資産税課税資産明細書の写しを徴求しています。
・信用・共済事業は当JAの取引照会で把握できます。
・その他の資産や負債などは聞き取りしました。
・調査の結果、次のとおりです（単位：千円）。

[課税資産明細書]

地 目	面 積	評価額
田	120.5a	2,680
畑	63.0a	980
山林・原野	10.7a	455
宅 地	821.8㎡	3,815
住 宅	181.5㎡	18,500
農 舎	49.5㎡	3,700
家 畜		989
その他資産		1,862

[当JA信用・共済事業に関する取引]

項 目	金 額	備 考
貯 金	530	
農業融資	7,850	プロパー
住宅ローン	28,000	基金協会保証付
マイカーローン	3,200	基金協会保証付
購買未収金	385	
委託販売未払金	321	

共済積立金	867	
その他負債	693	

[青色申告損益計算書等]

収入金額	18,223	経費	12,429	事業専従者給与	4,360
農外収入	655	うち租税公課	1,156	貸倒引当金戻入額	0
農外支出	142	うち減価償却費	2,182	家計費*	3,600
年金等収入**	823				

＊Aさんからの聞き取りによる金額です。
＊＊「確定申告書」で確認しました。

演習問題

資産負債調

科　目	面積等	○年12月
田	120.5a	
畑	63.0a	
山林・原野	10.7a	
宅　地	821.8㎡	
住　宅	181.5㎡	
農畜舎	49.5㎡	
家　畜		
貯　金		
共済積立金		
販売未収金		
その他資産		
資産合計		
借入金　農業融資		
基金協会保証付住宅ローン		
基金協会保証付マイカーローン		
購買未払金		
その他負債		
負債合計		
純資産		

（注）固定資産は評価額÷70％による時価の算出に留意。

経営収支

区　分	○年度
農業粗収益	
農業経営費（租税公課を除く）	
農業所得	
農外所得	
農家所得	
年金等収入	
農家総所得	
租税公課諸負担	
可処分所得	
推計家計費	
農家経済余剰	
▲専従者給与	
貸倒引当金戻入額	
減価償却費	
農家組合員債務者自身の債務償還財源（返済財源）	

債務超過解消年数

_____／_____

＝_____年

債務償還年数

_____／_____

＝_____年

第5章からの出題（解答は195ページ）

1．債務者区分判断のプロセスに関する次の図について、空欄㋐、㋑に当てはまる適切な語句を答えてください。

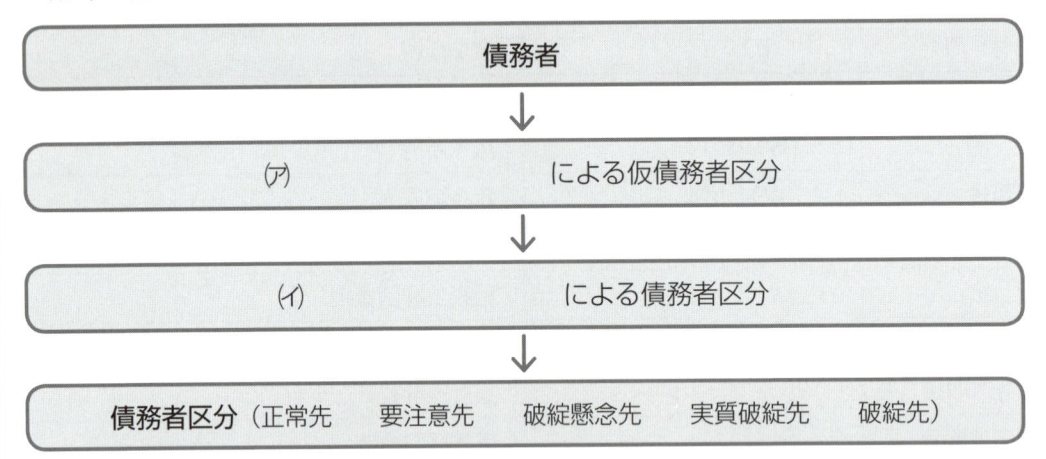

```
              債務者
                ↓
      ㋐ による仮債務者区分
                ↓
      ㋑ による債務者区分
                ↓
債務者区分（正常先　要注意先　破綻懸念先　実質破綻先　破綻先）
```

2．系統金融検査マニュアルにおけるリスクカテゴリーに関する次の表について、空欄㋐〜㋒に当てはまる適切な語句を答えてください。

㋐	経営相談、経営指導及び経営改善の支援
㋑	審査、与信管理や問題債権の管理の各部門の役割・責任
㋒	自己査定結果の正確性及び償却・引当結果の適切性

3．根抵当権に係る不動産担保「担保評価額（時価）」と「処分可能見込額」の関係に関する次の図について、空欄㈎〜㈜に当てはまる適切な分類区分を答えてください。

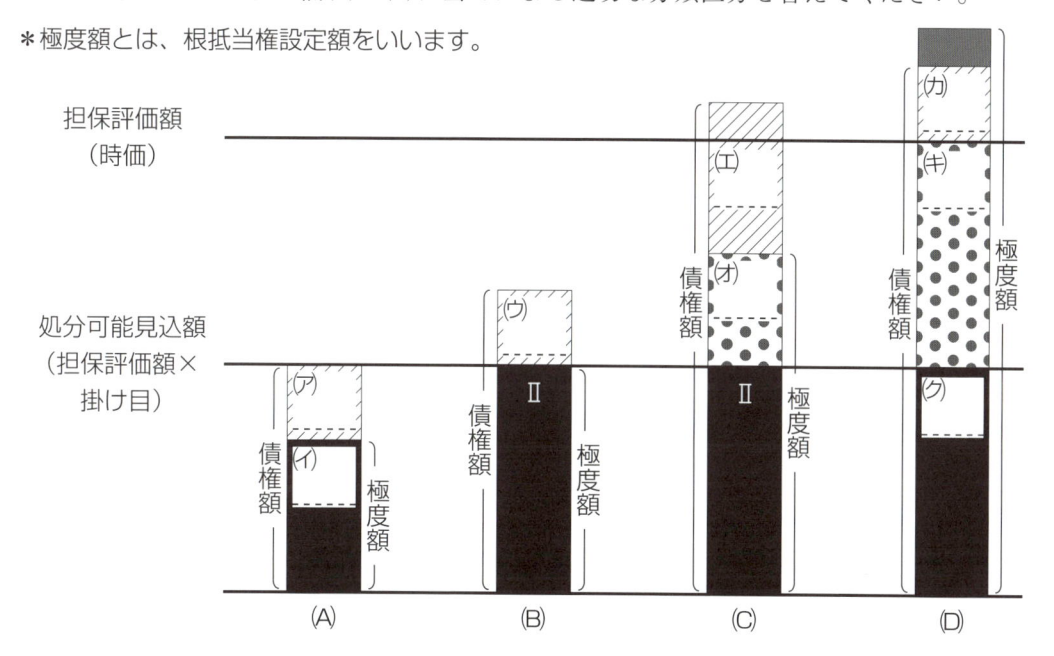

＊極度額とは、根抵当権設定額をいいます。

4．次の＜Bさんに関する資料＞に基づいて、(1)〜(3)に答えてください（単位：千円）。

＜Bさんに関する資料＞

[与信明細]

勘定科目	与信残高	融資制度名	担保・保証等
証書貸付	7,850	JA農業融資	プロパー
証書貸付	28,000	住宅ローン	基金協会保証付
証書貸付	3,200	マイカーローン	基金協会保証付（無担保）
未収利息	81		貸出金3口合計
購買未収金	385		

[保全状況]

担保評価額（時価）	40,000
処分可能見込額	28,000

住宅ローン抵当権債権額30,000千円：第1順位
根抵当権極度額40,000千円：第2順位

[当JA出資金]

100千円

(1) 債務者区分が要注意先となった場合の自己査定ワークシートを作成してください。不動産担保掛け目は70%です。

自己査定ワークシート

（金額単位：千円、%）

支店名	利用者番号	債務者名	今回債務者区分	前回債務者区分

1．分類対象債権の算出（共通）

①－（②＋③＋④）

※A≦0の場合、全額Ⅰ分類（非分類）、2．以下は計算省略。

□ A

(1) 総与信額

	貸出金	購買未収金	未収利息等	小　計　①
総与信額				

(2) 優良担保、優良保証、分類対象外債権等

優良担保 担保による調整	貯金・定積	小　計　②	優良保証 保証による調整	基金協会	小　計　③

分類対象 外債権	短時回収確定分	出資金	小　計　④

□ B

2．一般担保（破綻懸念先、実質破綻先、破綻先が該当）

種　類	担保評価額（時価）	掛け目	先順位債権額	処分可能見込額
合　計	C		D	E

3．要注意先の分類額の算出〔Ⅰ分類（非分類）、Ⅱ分類の算出〕

Ⅰ分類		B	Ⅱ分類		A

4．破綻懸念先の分類額の算出（Ⅰ分類、Ⅱ分類、Ⅲ分類の算出）

Ⅰ分類（B）		Ⅱ分類（E）		Ⅲ分類（A－E）	

5．実質破綻先、破綻先の分類額の算出（Ⅰ分類、Ⅱ分類、Ⅲ分類、Ⅳ分類の算出）

Ⅰ分類（B）		Ⅱ分類（E）	
Ⅲ分類〔C－（D＋E）〕		Ⅳ分類〔A－（Ⅱ＋Ⅲ）〕	

(2) 債務者区分が破綻懸念先となった場合の自己査定ワークシートを作成してください。不動産担保掛け目は60％です。

自己査定ワークシート

（金額単位：千円、％）

支店名	利用者番号	債務者名	今回債務者区分	前回債務者区分

1．分類対象債権の算出（共通）

①－（②＋③＋④）
※A≦0の場合、全額Ⅰ分類（非分類）、2．以下は計算省略。　　　　　　　　A

(1) 総与信額

	貸出金	購買未収金	未収利息等		小　計　①
総与信額					

(2) 優良担保、優良保証、分類対象外債権等

優良担保 担保による調整	貯金・定積	小　計　②	優良保証 保証による調整	基金協会	小　計　③

分類対象外債権	短時回収確定分	出資金	小　計　④	
				B

2．一般担保（破綻懸念先、実質破綻先、破綻先が該当）

種　類	担保評価額（時価）	掛け目	先順位債権額	処分可能見込額
合　計	C		D	E

3．要注意先の分類額の算出〔Ⅰ分類（非分類）、Ⅱ分類の算出〕

Ⅰ分類		B	Ⅱ分類		A

4．破綻懸念先の分類額の算出（Ⅰ分類、Ⅱ分類、Ⅲ分類の算出）

Ⅰ分類（B）		Ⅱ分類（E）		Ⅲ分類（A－E）	

5．実質破綻先、破綻先の分類額の算出（Ⅰ分類、Ⅱ分類、Ⅲ分類、Ⅳ分類の算出）

Ⅰ分類（B）		Ⅱ分類（E）	
Ⅲ分類〔C－（D＋E）〕		Ⅳ分類〔A－（Ⅱ＋Ⅲ）〕	

演習問題

(3) 債務者区分が実質破綻先となった場合の自己査定ワークシートを作成してください。担保評価額（時価）は35,000千円とし、不動産担保掛け目は50％です。なお、住宅ローンとマイカーローンは基金協会から代弁否認（免責）がありました。

自己査定ワークシート

（金額単位：千円、％）

支店名	利用者番号	債務者名	今回債務者区分	前回債務者区分

1．分類対象債権の算出（共通）

①－（②＋③Ｈ④）
※A≦0の場合、全額Ⅰ分類（非分類）、2．以下は計算省略。

[　　　] A

(1) 総与信額

	貸出金	購買未収金	未収利息等	小　計　①
総与信額				

(2) 優良担保、優良保証、分類対象外債権等

優良担保 担保による調整	貯金・定積	小　計　②	優良保証 保証による調整	基金協会	小　計　③

分類対象 外債権	短時回収確定分	出資金	小　計　④		
				[　　　] B	

2．一般担保（破綻懸念先、実質破綻先、破綻先が該当）

種　類	担保評価額（時価）	掛け目	先順位債権額	処分可能見込額
合　計	C		D	E

3．要注意先の分類額の算出〔Ⅰ分類（非分類）、Ⅱ分類の算出〕

Ⅰ分類		B	Ⅱ分類		A

4．破綻懸念先の分類額の算出（Ⅰ分類、Ⅱ分類、Ⅲ分類の算出）

Ⅰ分類（B）		Ⅱ分類（E）		Ⅲ分類（A－E）	

5．実質破綻先、破綻先の分類額の算出（Ⅰ分類、Ⅱ分類、Ⅲ分類、Ⅳ分類の算出）

Ⅰ分類（B）		Ⅱ分類（E）	
Ⅲ分類〔C－（D＋E）〕		Ⅳ分類〔A－（Ⅱ＋Ⅲ）〕	

第6章からの出題（解答は199ページ）

演習問題

1. 次の＜Cさんに関する資料＞に基づいて、「実態修正後の正味純資産」算出シートおよび「実態修正後の期間収支（債務償還財源）」算出シートを作成してください。

＜Cさんに関する資料＞

債務者区分を判断することについて、Cさん自身の債務超過解消年数と債務償還年数のみでは決定力に欠きます。そこで、家族経営での実態把握をすべきと判断しました。

・Cさん自身の債務超過解消年数と債務償還年数は次のとおりです。

(単位：千円)

区分	農家組合員債務者 Cさんの「純資産」		年／12月差引 (債務超過)	
	資 産	負 債		
経 営	31,903	42,415		▲10,512
家 計	11,325	21,635		▲10,310
合 計	43,228	64,050	ア	▲20,822
農家組合員債務者 Cさんの「収支」			○年／12月収支	
農家組合員債務者自身の債務償還財源（返済財源）			イ	4,233
農家組合員債務者 Cさんへの「貸出金と購買未収金」			○年12月総与信	
貸出金（58,150）＋購買未収金（2,573）			ウ	60,723

債務超過解消年数算定：ア÷イ＝4.9年

債務者区分判断の目安

債務者区分 判断の目安	要注意先	破綻懸念先
実質債務超過 解消年数	2～5年	5年超

債務超過解消年数を算定しますと4.9年となり、要注意先と破綻懸念先とのはざまであり、農業経営としては厳しい状況だと考えられます。

債務償還年数算定：ウ÷イ＝14.3年

債務者区分判断の目安

債務者区分 判断の目安	正常先 (問題なし)	要注意先 (債務償還能力劣る)
農業者の 債務償還年数(例)	～15年	15年～30年

債務償還年数を算定しますと14.3年となり、正常先とは言い難いといえます。

・専従者家族の資産と収支は次のとおりです。

(単位：千円)

	事業専従者家族	妻　D子	長男　E男
資　産	JA定期貯金	7,000	1,750
	JA定期積金	2,500	650
	JA共済積立金	3,250	850
負　債	JAカーローン		3,000
その他	年間専従者給与	2,400	3,600
	年間返済額		600

・妻のD子さんは連帯保証人です。

・長男のE男さんについては、支援意思確認を「組合員等利用者　訪問・面談記録票」で確認しました。

・生計費(家計費)はコメや野菜などは自給自足できることから、年間1,800千円とします。

「実態修正後の正味純資産」算出シート

演習問題

支店名	利用者番号	農家組合員債務者名	決算書類の貸借対照表
		C	作成済 ・ (未作成)

(単位:千円)

<table>
<tr><th colspan="3">農家組合員債務者の「純資産」</th><th>年/12月</th></tr>
<tr><th>区 分</th><th>資 産</th><th>負 債</th><th>差引(純資産)</th></tr>
<tr><td>経 営</td><td></td><td></td><td></td></tr>
<tr><td>家 計</td><td></td><td></td><td></td></tr>
<tr><td>合 計</td><td></td><td></td><td>A</td></tr>
</table>

<table>
<tr><th rowspan="11">家族等の資産負債状況</th><th>氏 名
(関 係)</th><th>D子
(Cの妻)</th><th>E男
(Cの長男)</th><th></th><th>年/12月
合 計</th></tr>
<tr><td>当JA貯金</td><td></td><td></td><td></td><td></td></tr>
<tr><td>共済積立金</td><td></td><td></td><td></td><td></td></tr>
<tr><td>不動産</td><td></td><td></td><td></td><td></td></tr>
<tr><td>資産合計</td><td></td><td></td><td></td><td></td></tr>
<tr><td>当JA貸出金</td><td></td><td></td><td></td><td></td></tr>
<tr><td>他金融機関借入金</td><td></td><td></td><td></td><td></td></tr>
<tr><td>負債合計</td><td></td><td></td><td></td><td></td></tr>
<tr><td>正味純資産</td><td></td><td></td><td></td><td>B</td></tr>
<tr><td>疎明資料等</td><td>貯金明細
共済明細</td><td>貯金・共済明細
返済履歴明細</td><td></td><td></td></tr>
<tr><td>支援意思確認
(保証人不要)</td><td>年 月 日
組合員等利用者
訪問・面談記録票</td><td>○年○月○日
組合員等利用者
訪問・面談記録票</td><td>年 月 日
組合員等利用者
訪問・面談記録票</td><td></td></tr>
</table>

農家組合員債務者、家族等の一体後の正味純資産(A+B)	

債務超過解消年数算定 (A+B)=マイナス時に算定	(A+B)/正味期間収支(C+D)
	年

「実態修正後の期間収支（債務償還財源）」算出シート

支店名	利用者番号	農家組合員債務者名	営農類型
		C	

農家組合員債務者の「収　支」				年／12月　収　支
農家組合員債務者自身の債務償還財源（返済財源）				C

<table>
<tr><td rowspan="12">家族等の収支状況</td><td>氏　名
（関　係）</td><td>D子
（Cの妻）</td><td>E男
（Cの長男）</td><td></td><td>年／12月
収　支</td></tr>
<tr><td>専従者給与</td><td></td><td></td><td></td><td></td></tr>
<tr><td></td><td></td><td></td><td></td><td></td></tr>
<tr><td>収入合計</td><td></td><td></td><td></td><td></td></tr>
<tr><td>当JA年間借入返済額</td><td></td><td></td><td></td><td></td></tr>
<tr><td>他金融機関年間借入返済額</td><td></td><td></td><td></td><td></td></tr>
<tr><td>年間借入返済額合計</td><td></td><td></td><td></td><td></td></tr>
<tr><td>収支差額</td><td></td><td></td><td></td><td></td></tr>
<tr><td>生計費</td><td colspan="3"></td><td></td></tr>
<tr><td>家族期間収支</td><td colspan="3"></td><td>D</td></tr>
<tr><td>疎明資料等</td><td>専従者給与内訳</td><td>専従者給与内訳
返済履歴明細</td><td></td><td></td></tr>
<tr><td>支援意思確認
（保証人不要）</td><td>年　月　日
組合員等利用者
訪問・面談記録票</td><td>○年○月○日
組合員等利用者
訪問・面談記録票</td><td>年　月　日
組合員等利用者
訪問・面談記録票</td><td></td></tr>
</table>

農家組合員債務者、家族等の一体後の正味期間収支（C＋D）			
農家組合員債務者の借入金と購買未払金の合計（E）			
債務償還年数算定：E／（C＋D）			年

2. 農業関連用語に関する次の表について、空欄㈎〜㈹に当てはまる適切な用語を答えてください。

用　語	解　説
㈎	次のうち、①、②または③のいずれかに該当する事業を行う者 ①経営耕地面積が30アール以上の規模の農業 ②農作物の作付面積または栽培面積、家畜の飼養頭羽数または出荷羽数、その他事業の規模が所定の外形基準以上の規模の農業 ③農作業の受託の事業
㈏	経営耕地面積が10アール以上の農業を行う世帯または過去1年間における農産物販売金額が15万円以上の規模の農業を行う世帯
㈐	経営耕地面積が30アール以上または1年間における農産物販売金額が50万円以上の農家
㈑	経営耕地面積が30アール未満かつ1年間における農産物販売金額が50万円未満の農家
㈒	農業所得が主（農家所得の50％以上が農業所得）で1年間に60日以上自営農業に従事している65歳未満の世帯員がいる農家
㈓	農外所得が主（農業所得の50％未満が農業所得）で1年間に60日以上自営農業に従事している65歳未満の世帯員がいる農家
㈔	1年間に60日以上自営農業に従事している65歳未満の世帯員がいない農家（主業農家、準主業農家以外の農家）
㈕	世帯員の中に兼業従事者が1人もいない農家
㈖	世帯員の中に兼業従事者が1人以上いる農家
㈗	農業所得を主とする兼業農家
㈘	農業所得を従とする兼業農家

3. 分類基準に関する次の表について、空欄㈎〜㈘に当てはまる適切な営農類型を答えてください。

営農類型の種類	分類基準
㈎	稲、麦類、雑穀、豆類、いも類、工芸農作物の販売収入のうち、水田で作付けした農業生産物の販売収入が他の営農類型の農業生産物販売収入と比べて最も多い経営

(イ)	野菜の販売収入が他の営農類型の農業生産物販売収入と比べて最も多い経営
・(ウ) ・(エ)	・野菜作経営のうち、露地野菜の販売収入が施設野菜の販売収入以上である経営 ・野菜作経営のうち、露地野菜より施設野菜の販売収入が多い経営
(オ)	果樹の販売収入が他の営農類型の農業生産物販売収入と比べて最も多い経営
(カ)	酪農の販売収入が他の営農類型の農業生産物販売収入と比べて最も多い経営
(キ)	肉用牛の販売収入が他の営農類型の農業生産物販売収入と比べて最も多い経営
・(ク) ・(ケ)	・肉用牛経営のうち、肥育牛の飼養頭数より繁殖用雌牛の飼養頭数が多い経営 ・肉用牛経営のうち、肥育牛の飼養頭数が繁殖用雌牛の飼養頭数以上である経営
(コ)	養豚の販売収入が他の営農類型の農業生産物販売収入と比べて最も多い経営
(サ)	採卵養鶏の販売収入が他の営農類型の農業生産物販売収入と比べて最も多い経営

第7章からの出題（解答は201ページ）

1．賃貸住宅需要原理では、4つの組合せで収容能力が決まります。その4項目に関する次の記述について、空欄(ア)～(キ)に当てはまる適切な語句を答えてください。

① むかしからの(ア)_____地域
② (イ)_____や(ウ)_____などが多数存在し、人が住むことができる要素が揃っている
③ (エ)_____や(オ)_____などが存在し、人が住むことができる要素が揃っている
④ (カ)_____にあり、(キ)_____としての魅力的な要素を持っている

2．平成25年3月19日公表された「農協検査（3者要請検査）結果事例集」による指摘事例を本書では8項目記載しています。次の記述の空欄㋐～㋛に当てはまる適切な語句を答えてください。

> ① ㋐_____における入居率や入金状況の確認を行っていない。
>
> ② 債務者と債務者が経営している㋑_____との資金の流れや経営実態を把握していない。
>
> ③ 高齢者への貸出にもかかわらず、後継者の有無の確認を行っていない。
>
> ④ 賃貸住宅ローンが貸出金の大部分を占めているにもかかわらず、残高や貸出金に占める割合等を定期的に把握・管理し、報告させる態勢の整備など「㋒_____リスク」を管理する方法を定めていない。
>
> ⑤ 賃貸住宅経営におけるキャッシュ・フローの算定方法を定めていない。
>
> ⑥ キャッシュ・フローの算定方法を定めていないことから、㋓_____を行っておらず、表面的な延滞の有無に重点を置いて債務者区分の判定を行っている。
>
> ⑦ ㋔_____に係る具体的な方法が指示されていない。
>
> ⑧ ㋕_____している賃貸物件に係る貸出について、中途解約等のリスクがあるにもかかわらず、㋖_____を把握していない。

3．日本銀行考査にみる不動産賃貸ローンの2013年度考査結果と2014年度考査の実施方針等に関する次の記述について、空欄㋐～㋕に当てはまる適切な語句を答えてください。

> (1) 2013年度考査結果
>   キャッシュ・フローに係るリスクを踏まえた㋐_____や㋑_____が不十分な金融機関が多くみられた。
>
> (2) 2014年度考査の実施方針等
>   ① 不動産賃貸向けローンの㋒_____を整備しているか。
>   ② ㋓_____等に基づきポートフォリオの質の変化を適

187

切に把握し、審査基準を見直しているか。
③ (オ)＿＿＿＿＿＿＿＿＿＿や(カ)＿＿＿＿＿＿＿＿＿＿等を踏まえて、事前審査や融資実行後の管理を適切に行っているか。

4．賃貸不動産に係る債務償還年数に関する次の表について、空欄(ア)、(イ)に当てはまる適切な数値を記入してください。

債務者区分 業　種	正常先 （問題なし）	要注意先 （債務償還能力劣る）	破綻懸念先 （債務償還能力極めて劣る）
一般事業会社	～　10　年	10　～　20　年	20　～　　　年
不動産賃貸業	～　(ア)　年	(ア)　～　(イ)　年	(イ)　～　　　年

5．系統金融検査マニュアルにおける賃貸不動産に係る担保評価に関する次の記述について、空欄(ア)～(オ)に当てはまる適切な語句を答えてください。

賃貸ビル等の収益用不動産の担保評価に当たっては、原則、(ア)＿＿＿＿＿＿＿＿による評価とし、必要に応じて、(イ)＿＿＿＿＿＿＿＿による評価、(ウ)＿＿＿＿＿＿＿＿による評価を加えて行っているかを検証する。この場合において、評価方法により(エ)＿＿＿＿＿＿＿＿が生じる場合には、当該物件の特性や債権保全の観点から(オ)＿＿＿＿＿＿＿＿する必要がある。特に、特殊な不動産（ゴルフ場など）については、市場性を十分に考慮した評価となっているかどうかを検証する。

6．不動産担保評価方法の1つである「収益還元法」の定義に関する次の記述について、空欄(ア)～(ウ)に当てはまる適切な語句を答えてください。

対象不動産が将来生み出すであろうと期待される(ア)＿＿＿＿＿＿＿＿の(イ)＿＿＿＿＿＿＿＿を求めることにより対象不動産の(ウ)＿＿＿＿＿＿＿＿を求める方法。

7．収益還元法には2種類あります。それらを答えてください。

＿＿＿＿＿＿＿＿＿＿＿＿＿＿＿＿＿＿＿
＿＿＿＿＿＿＿＿＿＿＿＿＿＿＿＿＿＿＿

8．上記7．のうち一般に利用されているのはどちらか、答えてください。

＿＿＿＿＿＿＿＿＿＿＿＿＿＿＿＿＿＿＿

9. 鑑定評価における土地価格を4つ答えてください。

　　　-----------------------------------

10. 公的土地価格を4種類答えてください。

第8章からの出題（解答は202ページ）

1. 簡易基準における、延滞状況等による債務者区分に関する次の表について、空欄(ｱ)～(ｵ)に当てはまる適切な語句を答えてください。

延滞状況等	債務者区分
延滞なし	(ｱ)
3ヵ月以内の延滞	(ｲ)
3～6ヵ月の延滞	(ｳ)
6ヵ月以上の延滞で、回収見込みのない先	(ｴ)
法的、形式的な破たんの発生	(ｵ)

2. 保証条件が履行されていない事例として、「共同担保物件の追加」に係る留意点に関する次の記述について、空欄(ｱ)～(ｶ)に当てはまる適切な語句を答えてください。

① 建物を新築する場合に、まず(ｱ)_____し、建物竣工（完成）時にその新築物件に(ｲ)_____することで(ｳ)_____となります。

② 更地に抵当権を設定した後に、抵当地上に建物が築造されたときは、抵当権者は、(ｴ)_____を競売することができます。ただし、その優先権は(ｵ)_____についてのみしか行使することができません。

③ したがって、担保権者であるJAは、(ｶ)_____を正確に把握しておかなければなりません。

189

3．金融庁からみて、JAが住宅ローンに関して、注視すべきリスク管理を4つすべて答えてください。

・_____

・_____

・_____

・_____

_____

4．「系統金融検査マニュアル オペレーショナル・リスク管理態勢の確認検査用チェックリスト 別紙1 1．各業務部門及び支所（支店）長における事務処理態勢」における【厳正な事務処理】に関する次の記述について、空欄(ア)～(ク)に当てはまる適切な語句を答えてください。

> (ⅰ) 事務処理を、(ア)_____行っているか。
>
> (ⅱ) 精査・検印は、(イ)_____であってはならず、(ウ)_____で厳正に行っているか。
>
> (ⅲ) (エ)_____は、発生後直ちに各業務部門の管理者又は支所（支店）長へ連絡し、かつ事務統括部門・内部監査部門等必要な部門に報告しているか。
>
> (ⅳ) (オ)_____については、必ず各業務部門の管理者、支所（支店）長又は役席等の(カ)_____に処理しているか。
>
> (ⅴ) (キ)_____を行う場合には、事務統括部門及び関係業務部門と連携のうえ、必ず各業務部門の管理者又は支所（支店）長の(ク)_____処理をしているか。

解 答

第1章からの出題

1. 自己査定とは、JAが保有する貸出金や購買未収金をはじめとする信用事業資産および経済事業資産などすべての資産を、JA自らの責任で行う査定のことをいう。

2. 系統金融検査マニュアル：預貯金等受入系統金融機関に係る検査マニュアル
   系統金融検査マニュアル別冊：系統金融検査マニュアル別冊〔農林漁業者・中小企業融資編〕
   経済事業資産等検査基準：預貯金等受入系統金融機関及び共済事業を行う協同組合連合会における経済事業資産及び外部出資の自己査定及び償却・引当に関する検査基準

第2章からの出題

1. 都道府県
   農林水産省
   金融庁

2. ① 貯金量規模が1,000億円以上もしくは、都道府県域の平均以上のJAで、都道府県知事が地域の金融システムや地域経済に与える影響が大きいと考えるJA
   ② 不正・不祥事の再発が認められるJA

3. (ア)入居率　　(イ)入金状況　　(ウ)高齢者　　(エ)後継者の有無
   (オ)キャッシュ・フローの算定方法　　(カ)表面的な延滞の有無に重点を置いて
   (キ)中途解約等のリスク　　(ク)返済に延滞がないことや家賃保証が付いている

第3章からの出題

1. 第1ステップ：債務者区分
   第2ステップ：分類資産
   第3ステップ：担保・保証による調整
   第4ステップ：分類の算定
   第5ステップ：分類の集計

2．㋐その返済能力を検討し　　　㋑キャッシュ・フローによる債務償還能力
　㋒総合的に勘案し判断する　　　㋓農林漁業者　　　㋔当該債務者の技術力
　㋕代表者等の収入状況や資産内容　　　㋖当該債務者の経営実態を踏まえて

3．同一人名寄せ
　実質同一債務者による名寄せ

4．㋐すべての債務者
　㋑総与信残高＝〔信用事業債権（主に貸出金）＋経済事業債権（主に購買未収金）＋その他〕
　㋒住宅ローン等定型ローンのみの債務者　　　㋓簡易基準による債務者区分
　㋔正常先　　　㋕形式基準による仮債務者区分（仮確定）
　㋖実質基準による債務者区分（確定）

5．㋐前回検査において要注意先以下　　　㋑中央会の監査において要注意先以下
　㋒大口貸出金　　　㋓赤字決算先　　　㋔債務超過先　　　㋕融資条件を変更した先

6．㋐業況が良好　　　㋑金利減免・棚上げ　　　㋒事実上延滞
　㋓業況が低調ないしは不安定な　　　㋔債権の全部または一部
　㋕３ヵ月以上延滞債権　　　㋖貸出条件緩和債権　　　㋗経済的困難に陥った
　㋘債務者に有利な一定の譲歩　　　㋙経営破綻に陥る可能性が大きい
　㋚実質的に経営破綻に陥っている　　　㋛破産　　　㋜民事再生

7．㋐債務超過連続２期以上　　　㋑赤字・繰越欠損
　㋒簡易査定先（定型ローンと農業融資小口制度資金）　　　㋓６ヵ月以上の延滞
　㋔減免・棚上げ・条件変更等　　　㋕破綻懸念先　　　㋖要注意先　　　㋗要注意先
　㋘実質破綻先　　　㋙要注意先　　　㋚正常先　　　㋛正常先　　　㋜要注意先

8．㋐農家組合員債務者の資産や農外所得等　　　㋑気象条件の変動や自然災害
　㋒一時的な要因により債務超過に陥りやすい　　　㋓経費節減
　㋔表面的な現象のみ　　　㋕取引実績　　　㋖あらゆる判断材料の把握に努め
　㋗総合的に勘案して債務者区分の判断を行う

9．㋐貸出金　　　㋑購買未収金（経済事業未収金）　　　㋒販売未収金

㈜利用未収金（事業未収金）

10. ㈜破綻懸念先　　㈜実質破綻先　　㈜Ⅰ分類　　㈜Ⅰ分類　　㈜Ⅱ分類
　　㈜Ⅲ分類　　㈜Ⅰ分類　　㈜Ⅱ分類　　㈜Ⅲ分類　　㈜Ⅳ分類

11. ㈜破綻懸念先　　㈜破綻先　　㈜資産不計上

12. ㈜Ⅰ分類（非分類）　　㈜Ⅱ分類

13. 担保評価額：客観的・合理的な評価方法で算出した評価額（時価）
　　処分可能見込額：担保評価額を踏まえ、当該担保物件の処分により回収が確実と見込まれる額

14. ・保証機関の保証履行が及ばない範囲
　　・JAが代位弁済手続を失念または遅延する等保証履行手続不備等の事情から代位弁済が拒否の場合

15. ㈜リスク管理債権　　㈜信用事業貸出金　　㈜破綻先　　㈜延滞
　　㈜3ヵ月以上　　㈜貸出条件　　㈜金融再生法開示債権　　㈜信用事業
　　㈜危険　　㈜要管理　　㈜正常

第4章からの出題

1. ㈜債務者への貸出金や購買未収金などの与信明細、資産負債調および期別貯貸金残高推移等の情報

2. ㈜Ⓐ　㈜Ⓐ　㈜Ⓐ　㈜Ⓐ　㈜Ⓑ　㈜Ⓑ　㈜Ⓒ　㈜Ⓓ
　　㈜Ⓔ　㈜ⒻⒼⒽⒾⒿⓀⓁⓂⓃ

3. 固定資産税課税資産明細書

4. ㈜信頼関係を築き上げて

5. ㈜組合員のためにする農業の経営及び技術の向上に関する指導

6．70%

7．(ア)要注意先　　　(イ)正常先　　　(ウ)破綻懸念先　　　(エ)5

8．(ア)農業粗収入　　　(イ)農業粗収益　　　(ウ)農業経営費　　　(エ)農業所得
　　(オ)農外所得　　　(カ)農家所得　　　(キ)農家経済余剰　　　(ク)支払利息
　　(ケ)支払利息差引後余剰　　　(コ)償還元金　　　(サ)償還元金差引後余剰

9．(ア)借入金＋購買未払金　　　(イ)農家組合員債務者自身の債務償還財源（返済財源）
　　(ウ)要注意先　　　(エ)15　　　(オ)30

10. 空欄を埋めると以下のようになります。

資産負債調

科　目	面積等	○年12月
田	120.5a	3,829
畑	63.0a	1,400
山林・原野	10.7a	650
宅　地	821.8㎡	5,450
住　宅	181.5㎡	18,500
農畜舎	49.5㎡	3,700
家　畜		989
貯　金		530
共済積立金		867
販売未収金		321
その他資産		1,862
資産合計		38,098
借入金 農業融資		7,850
借入金 基金協会保証付住宅ローン		28,000
借入金 基金協会保証付マイカーローン		3,200
購買未払金		385
その他負債		693
負債合計		40,128
純資産		▲2,030

経営収支

区　分	○年度
農業粗収益	18,223
農業経営費（租税公課を除く）	11,273
農業所得	6,950
農外所得	513
農家所得	7,463
年金等収入	823
農家総所得	8,286
租税公課諸負担	1,156
可処分所得	7,130
推計家計費	3,600
農家経済余剰	3,530
▲専従者給与	4,360
貸倒引当金戻入額	0
減価償却費	2,182
農家組合員債務者自身の債務償還財源（返済財源）	1,352

債務超過解消年数
　▲2,030／1,352
＝　1.5　年
債務償還年数
　39,435／1,352
＝　29.2　年

第5章からの出題

1．(ア)形式基準　　(イ)実質基準

2．(ア)金融円滑化編　　(イ)信用リスク管理態勢　　(ウ)資産査定管理態勢

3．(ア)Ⅳ　(イ)Ⅱ　(ウ)Ⅳ　(エ)Ⅳ　(オ)Ⅲ　(カ)Ⅳ　(キ)Ⅲ　(ク)Ⅱ

4．空欄を埋めると以下のようになります。

(1) 要注意先となった場合の自己査定ワークシート

自己査定ワークシート

（金額単位：千円、％）

支店名	利用者番号	債務者名	今回債務者区分	前回債務者区分
			要注意先	

1．分類対象債権の算出（共通）

①－（②＋③＋④）
※A≦0の場合、全額Ⅰ分類（非分類）、2．以下は計算省略。

8,316　A

(1) 総与信額

	貸出金	購買未収金	未収利息等		小　計　①
総与信額	39,050	385	81		39,516

(2) 優良担保、優良保証、分類対象外債権等

優良担保	貯金・定積	小　計　②	優良保証	基金協会	小　計　③
担保による調整			保証による調整	31,200	31,200

分類対象	短時回収確定分	出資金	小　計　④		
外債権				31,200	B

2．一般担保（破綻懸念先、実質破綻先、破綻先が該当）

種　類	担保評価額（時価）	掛け目	先順位債権額	処分可能見込額
合　計	C		D	E

3．要注意先の分類額の算出〔Ⅰ分類（非分類）、Ⅱ分類の算出〕

Ⅰ分類	31,200	B	Ⅱ分類	8,316	A

4．破綻懸念先の分類額の算出（Ⅰ分類、Ⅱ分類、Ⅲ分類の算出）

Ⅰ分類（B）		Ⅱ分類（E）		Ⅲ分類（A－E）	

5．実質破綻先、破綻先の分類額の算出（Ⅰ分類、Ⅱ分類、Ⅲ分類、Ⅳ分類の算出）

Ⅰ分類（B）		Ⅱ分類（E）	
Ⅲ分類〔C－（D＋E）〕		Ⅳ分類〔A－（Ⅱ＋Ⅲ）〕	

(2) 破綻懸念先となった場合の自己査定ワークシート

自己査定ワークシート

(金額単位：千円、％)

支店名	利用者番号	債務者名	今回債務者区分	前回債務者区分
			破綻懸念先	

1．分類対象債権の算出（共通）

①－（②＋③＋④）
※A≦0の場合、全額Ⅰ分類（非分類）、2．以下は計算省略。

8,135	A

(1) 総与信額

	貸出金	購買未収金	未収利息等	小　計　①
総与信額	39,050	385		39,435

(2) 優良担保、優良保証、分類対象外債権等

優良担保 担保による調整	貯金・定積	小　計　②	優良保証 保証による調整	基金協会	小　計　③
				31,200	31,200

分類対象 外債権	短時回収確定分	出資金	小　計　④		
		100	100	31,300	B

2．一般担保（破綻懸念先、実質破綻先、破綻先が該当）

種　類	担保評価額（時価）	掛け目	先順位債権額	処分可能見込額
土地・建物	40,000	60	28,000	0
合　計　C	40,000	D	28,000	E　0

3．要注意先の分類額の算出〔Ⅰ分類（非分類）、Ⅱ分類の算出〕

Ⅰ分類		B	Ⅱ分類		A

4．破綻懸念先の分類額の算出（Ⅰ分類、Ⅱ分類、Ⅲ分類の算出）

Ⅰ分類（B）	31,300	Ⅱ分類（E）	0	Ⅲ分類（A－E）	8,135

5．実質破綻先、破綻先の分類額の算出（Ⅰ分類、Ⅱ分類、Ⅲ分類、Ⅳ分類の算出）

Ⅰ分類（B）		Ⅱ分類（E）	
Ⅲ分類〔C－（D＋E）〕		Ⅳ分類〔A－（Ⅱ＋Ⅲ）〕	

(3) 実質破綻先となった場合の自己査定ワークシート

自己査定ワークシート

(金額単位：千円、％)

支店名	利用者番号	債務者名	今回債務者区分	前回債務者区分
			実質破綻先	

1．分類対象債権の算出（共通）

①－（②＋③＋④）
※A≦0の場合、全額Ⅰ分類（非分類）、2．以下は計算省略。

39,335　A

(1) 総与信額

	貸出金	購買未収金	未収利息等	小 計 ①
総与信額	39,050	385		39,435

(2) 優良担保、優良保証、分類対象外債権等

優良担保	貯金・定積	小 計 ②	優良保証	基金協会	小 計 ③
担保による調整			保証による調整		

分類対象外債権	短時回収確定分	出資金	小 計 ④		
		100	100	100	B

2．一般担保（破綻懸念先、実質破綻先、破綻先が該当）

種　類	担保評価額（時価）	掛け目	先順位債権額	処分可能見込額
土地・建物	35,000	50	0	17,500
合　計　C	35,000	D	0　E	17,500

3．要注意先の分類額の算出〔Ⅰ分類（非分類）、Ⅱ分類の算出〕

Ⅰ分類		B	Ⅱ分類		A

4．破綻懸念先の分類額の算出（Ⅰ分類、Ⅱ分類、Ⅲ分類の算出）

Ⅰ分類（B）		Ⅱ分類（E）		Ⅲ分類（A－E）	

5．実質破綻先、破綻先の分類額の算出（Ⅰ分類、Ⅱ分類、Ⅲ分類、Ⅳ分類の算出）

Ⅰ分類（B）	100	Ⅱ分類（E）	17,500
Ⅲ分類〔C－(D+E)〕	17,500	Ⅳ分類〔A－(Ⅱ+Ⅲ)〕	4,335

第6章からの出題

1．空欄を埋めると以下のようになります。

「実態修正後の正味純資産」算出シート

支店名	利用者番号	農家組合員債務者名	決算書類の貸借対照表
		C	作成済 ・ (未作成)

(単位：千円)

区 分	農家組合員債務者の「純資産」資産	負 債	年／12月 差引（純資産）
経 営	31,903	42,415	▲10,512
家 計	11,325	21,635	▲10,310
合 計	43,228	64,050	A　▲20,822

家族等の資産負債状況

氏 名（関 係）	D子（Cの妻）	E男（Cの長男）		年／12月 合 計
当JA貯金	9,500	2,400		11,900
共済積立金	3,250	850		4,100
不動産				
資産合計	12,750	3,250		16,000
当JA貸出金		3,000		3,000
他金融機関借入金				
負債合計	0	3,000		3,000
正味純資産	12,750	250	B	13,000
疎明資料等	貯金明細 共済明細	貯金・共済明細 返済履歴明細		
支援意思確認（保証人不要）	年 月 日 組合員等利用者 訪問・面談記録票	○年○月○日 組合員等利用者 訪問・面談記録票	年 月 日 組合員等利用者 訪問・面談記録票	

農家組合員債務者、家族等の一体後の正味純資産（A＋B）	▲7,822

債務超過解消年数算定 （A＋B）＝マイナス時に算定	（A＋B）／正味期間収支（C＋D）	
	1.0	年

199

「実態修正後の期間収支（債務償還財源）」算出シート

支店名	利用者番号	農家組合員債務者名	営農類型
		C	

農家組合員債務者の「収支」				年／12月 収支
農家組合員債務者自身の債務償還財源（返済財源）			C	4,233

	氏　名（関係）	D子（Cの妻）	E男（Cの長男）		年／12月 収支
家族等の収支状況	専従者給与	2,400	3,600		6,000
	収入合計	2,400	3,600		6,000
	当JA年間借入返済額		600		600
	他金融機関年間借入返済額				
	年間借入返済額合計	0	600		600
	収支差額				5,400
	生計費				1,800
	家族期間収支			D	3,600
	疎明資料等	専従者給与内訳	専従者給与内訳　返済履歴明細		
	支援意思確認（保証人不要）	年　月　日　組合員等利用者訪問・面談記録票	○年○月○日　組合員等利用者訪問・面談記録票	年　月　日　組合員等利用者訪問・面談記録票	

農家組合員債務者、家族等の一体後の正味期間収支（C＋D）	7,833
農家組合員債務者の借入金と購買未払金の合計（E）	60,723
債務償還年数算定：E／（C＋D）	7.8　年

2．㋐農業経営体　　㋑農家　　㋒販売農家　　㋓自給的農家　　㋔主業農家
　　㋕準主業農家　　㋖副業的農家　　㋗専業農家　　㋘兼業農家
　　㋙第１種兼業農家　　㋚第２種兼業農家

3．㋐水田作経営　　㋑野菜作経営　　㋒路地野菜作経営　　㋓施設野菜作経営
　　㋔果樹作経営　　㋕酪農経営　　㋖肉用牛経営　　㋗繁殖牛経営
　　㋘肥育牛経営　　㋙養豚経営　　㋚採卵養鶏経営

第７章からの出題

1．㋐歴史ある　　㋑会社　　㋒工場　　㋓学校　　㋔研究所
　　㋕大都市の衛星都市的位置　　㋖ベッドタウン

2．㋐賃貸住宅ローン　　㋑不動産管理会社　　㋒与信集中
　　㋓キャッシュ・フローによる債務者の弁済能力の検証
　　㋔債務者の実態把握や財務分析　　㋕管理会社と一括借上契約を締結
　　㋖賃貸物件の入居状況

3．㋐事前審査　　㋑中間管理　　㋒リスク特性に即した審査基準
　　㋓債務者属性分析　　㋔物件の入居状況　　㋕賃料収入の変化

4．㋐25　　㋑35

5．㋐収益還元法　　㋑原価法　　㋒取引事例　　㋓大幅な乖離
　　㋔その妥当性を慎重に検討

6．㋐純収益　　㋑現在価値の総和　　㋒試算価格

7．DCF法（ディスカウンテッド・キャッシュ・フロー法）
　　直接還元法

8．DCF法（ディスカウンテッド・キャッシュ・フロー法）

9. 正常価格
　　限定価格
　　特定価格
　　特殊価格

10. 公示価格
　　（都道府県）基準地価格
　　路線価（相続税評価額）
　　固定資産税評価額

第8章からの出題

1. (ア)正常先　　(イ)要注意先　　(ウ)破綻懸念先　　(エ)実質破綻先　　(オ)破綻先

2. (ア)更地に抵当権を設定　　(イ)抵当権を追加登記　　(ウ)共同担保物件
　　(エ)土地とともにその建物　　(オ)土地の代価　　(カ)建築工事の進捗状況

3. 延滞状況等の管理
　　貸出金利低下等による採算割れとなっていないかの確認
　　繰上返済の発生状況
　　与信時から一定期間経過後にデフォルトが発生する特性等を勘案したリスク管理

4. (ア)厳正に　　(イ)形式的、表面的　　(ウ)実質的　　(エ)現金事故
　　(オ)便宜扱い等の異例扱い　　(カ)承認を受けた後　　(キ)事務規程外の取扱い
　　(ク)指示に基づき

【執筆】

高見　守久（たかみ　もりひさ）

　1976年、三重県内の信用金庫に入庫。営業店勤務の後、2001年より本部資産査定室へ配属。その後、監査部、資産管理部にて自己査定および償却・引当に係る業務に携わり、金融庁検査や日本銀行考査を経験する。2012年より、研修講師として独立。近年はJAにおいて、「3者要請検査対応研修」や「自己査定研修」など多数実施している。

【執筆協力】

髙橋　恒夫（たかはし　つねお）
　経済法令研究会顧問

基本と実務がわかる
演習　JA自己査定ワークブック

2014年10月15日　初版第1刷発行	編　者　経済法令研究会
	発行者　金子幸司
	発行所　㈱経済法令研究会
	〒162-8421　東京都新宿区市谷本村町3-21
	電話　代表03(3267)4811　制作03(3267)4823

営業所／東京03(3267)4812　大阪06(6261)2911　名古屋052(332)3511　福岡092(411)0805

表紙デザイン／清水裕久（Pesco Paint）　制作／北脇美保　印刷／㈱日本制作センター

©Keizai-hourei kenkyukai 2014　Printed in Japan　　　ISBN978-4-7668-2354-7

"経済法令グループメールマガジン" 配信ご登録のお勧め
当社グループが取り扱う書籍、通信講座、セミナー、検定試験情報等、皆様にお役立ていただける情報をお届けいたします。下記ホームページのトップ画面からご登録ください。
☆　経済法令研究会　http://www.khk.co.jp/　☆

定価は表紙に表示してあります。無断複製・転用等を禁じます。落丁・乱丁本はお取替えいたします。

JA BANK MANAGEMENT

管理者の意識改革がJAバンクを変える！
JAバンク管理者のあるべき姿を提示

JAバンク 管理者の心得

現場営業力強化をめざして

村上 泰人 著

- ●A5判 ●240頁 ●定価1,800円+税

　現在の厳しい金融環境の中でJAバンクはいかにして生き残っていくか。そのカギを握るのは各店舗における現場営業力です。現場営業力を強化することによって収益が増加し、そのことが組合員・地域住民へのサービスの向上にもつながっていきます。これを実現することがJAバンク管理者の使命であり、役割です。

　本書は、管理者の意識改革から始まり、新たな推進体制の構築、収益管理、商品戦略、地域密着、店舗戦略、部下の指導育成等について、語りかけるような文体でわかりやすく記述しています。

〈本書の特徴〉

- ■現場の生の声・成功事例をもとに著者独自のノウハウを披瀝
- ■現場で直面している課題を明確にし具体的解決策を提示
- ■窓口担当者・渉外担当者・管理者の自己チェックリストを巻末に掲載

〈主要目次〉

プロローグ　部下を動かす管理者マインド
管理者としてのマインドの育成／管理者とは／管理者に期待される心構え

1　管理者に求められる意識改革・行動改革
管理者に求められる意識改革のポイント／JAバンク戦略ドメイン（生存領域）が必要／管理者のマーケティング・マネジメント能力／ほか

2　期待される管理者の使命と役割
営業店管理者の４大職務／管理者の資質と条件／コンプライアンス経営とリスク管理能力／金融検査マニュアル・金融庁検査対応力／ほか

3　現場・営業力強化と新推進体制
今なぜ営業力強化なのか／新推進体制の確立／純増管理と満期管理の強化／営業力強化のための管理者営業活動指針／ほか

4　支店経営のための収益管理
店舗別収益管理の基本／店舗別収益管理のための事例研究／資金量増強戦略／利ざやアップ戦略／事業管理費ダウン戦略／ほか

5　収益増強の商品戦略
定積再強化と部下指導／定期貯金増強とメイン化戦略／ローン戦略と部下指導／ほか

6　地域密着強化戦略と顧客管理
地域密着経営強化の再認識／自店内地域分析／顧客情報管理の強化／ほか

7　JAらしさの店舗戦略
JA店舗マーケティング戦略／店頭・ロビー戦略と管理／ほか

8　店舗経営のための目標管理
目標管理のサイクル／正しい目標の条件／日報管理の基本／ほか

9　部下指導育成の基本
正しい指示命令の出し方と育成方法／求められるコーチングスキル／渉外担当者・窓口担当者の育成方法

エピローグ　JAバンク管理者としての能力開発
管理者の自己啓発とは／地域社会に生きるための能力開発

資　料
窓口担当者チェックリスト／渉外担当者チェックリスト／管理者自己チェックリスト

経済法令研究会　http://www.khk.co.jp/

〒162-8421　東京都新宿区市谷本村町3-21　TEL.03(3267)4811　FAX.03(3267)4803